男孩，你要学会保护自己

许晶————著

文化发展出版社
Cultural Development Press
·北京·

图书在版编目（CIP）数据

男孩，你要学会保护自己 / 许晶著． — 北京：文

化发展出版社，2025．1． — ISBN 978-7-5142-4571-4

Ⅰ．X956-49

中国国家版本馆CIP数据核字第2024QZ9313号

男孩，你要学会保护自己

著　　者：许　晶

责任编辑：孙豆豆　　　　责任印制：杨　骏

特约编辑：滕龙江　　　　责任校对：岳智勇

封面设计：尧丽设计

出版发行：文化发展出版社（北京市翠微路2号　邮编：100036）

网　　址：www.wenhuafazhan.com

经　　销：全国新华书店

印　　刷：永清县晔盛亚胶印有限公司

开　　本：710mm×1000mm　1/16

字　　数：116千字

印　　张：12

版　　次：2025年1月第1版

印　　次：2025年1月第1次印刷

定　　价：59.80元

ＩＳＢＮ：978-7-5142-4571-4

◆　如有印装质量问题，请电话联系：13683640646

前言

在成长的征途中，每个男孩都需要学会一项至关重要的技能——勇敢且智慧地保护自己。这不仅关乎他们的人身安全，更影响他们的心理健康，以及未来的成长。

在与他人的交往中，男孩需要学会设立清晰的个人边界，不要害怕表达自己的感受和需求。当有人侵犯你的边界时，应及时且明确地指出来，这既是保护自己的第一步，也是对他人的善意提醒。

交朋友，是男孩人生旅途中不可或缺的一环。然而，并非所有的"友谊"都值得珍惜。真正的朋友，应该相互支持、鼓励，共同进步。那些总是贬低你、利用你，或带你养成不良习惯的人，你要及时远离。选择朋友时，不妨多观察对方的行为模式、价值观，以及对待他人的态度，确保你的社交圈充满正能量。

为了获得认可或避免冲突，男孩有时会不自觉地取悦他人，甚至过度忍让。然而，这种行为往往会让自己陷入被动，成为他人眼中的"软柿子"。学会拒绝不合理的要求，勇于表达自己的真实想法和感受，是避免成为受气包儿的关键。记住，你的价值不是由别人的评价决定的，做自己，尊重自己的感受，才能真正赢得他人的尊重。

在校园里，男孩时常会遇到霸凌事件。面对霸凌，沉默不是解决之道。要认识到霸凌不是你的问题，而是霸凌者犯的错。无论他人对你进行言语上的侮辱还是身体上的侵犯，你都要勇敢地说"不"。如果自己无法处理，你要果断地向老师、家长或者其他可信赖的成年人寻求帮助。同时，你要培养自我认同感，相信自己的价值，不让外界恶意定义自己。

在这个信息多元的时代，你与陌生人交往的机会大大增加，但风险也随之而来。无论是线上还是线下，你都要保持警惕。学会辨别信息真伪，不轻信未经证实的消息，不参与网络暴力，不轻易透露个人信息，如家庭地址、电话号码等。对于陌生人的邀请或请求，尤其是涉及金钱或隐私的，你要三思而后行。

无论是交通安全、食品安全还是日常生活中的安全，你需时刻放在心上。多学习一些安全知识，如火灾逃生、急救技能等，可以在关键时刻保护自己和他人的生命安全。外出时，告知家人或朋友行程，保持通信畅通，注意周围环境，避免夜间单独行走，尽量走人多、光线明亮的地方。对于家中的电器、煤气设备，要正确使用，防止意外发生。

青春期是男孩身心快速发展的阶段，伴随生理变化，心理也会经历不小的波动。你要学会正确认识和处理这些变化。这个时期，你要了解、接受并爱护自己身体上的变化，正确认知性健康、心理健康。遇到困惑时，不要害羞，可以向家长、老师或专业心理咨询师求助。培养健康的兴趣爱好，保持积极乐观的心态，是顺利度过青春期的关键。

总之，自我保护涉及生活的方方面面。男孩，你需要不断学习、实践，逐步建立起强大的自我保护体系。在这个过程中，你将学会智慧地应对生活中的挑战和困难，成为自己最好的守护者。记住，只有懂得爱护自己，才能更好地去爱别人。

目录

第一章

男孩，别人怎么对你，取决于你

与人交往中，男孩要建立清晰明确的个人边界，敢于表达自己的想法、感受和需求，不过分内耗自己，避免受到伤害。

有想法却不敢说，
容易被大家忽视

最近，在读高二的小林迎来了一次挑战——本市要举办一场高中生辩论赛，辩题是"是否应禁止使用一次性塑料制品"，小林被选为学校的"一辩"，率队出征。

小林本就对环保话题十分感兴趣，因而热情满满。为了拿下比赛，他翻阅了大量资料，满心期待能在辩论中发表自己的见解。辩论赛拉开帷幕，现场氛围异常热烈，对方一辩踊跃发言，观点犀利而精彩。此时，作为本方一辩的小林，却慌了手脚，他手里紧紧攥着讲稿，心跳不由自主地加速。

"下面，请正方一辩小林发言！"辩论主持人点名让小林"出马"。

小林望向对方辩论席，对手的目光锐利而专注，这让他突然感到一阵强烈的不安。他思绪纷飞，担心自己的观点会遭到否定，甚至引来嘲笑。最终，小林发言磕磕绊绊，发挥失常，学校队也因此输掉了比赛。

事后，小林深感懊悔，辩论队的指导老师也察觉到了小林的异样，于是与他进行了一次深入的交谈。老师对小林说："我知道你准备得很充分，有很多精彩的想法想要表达，但是面对大阵仗，你畏惧了。如果你不能克服自己的畏惧心理，就不可能成为一名优秀的辩手！"

小林终于意识到，在很多时候，畏惧表达是有害的，因为它会让人失去展示自我、表达观点的宝贵机会。

　　语言是人类表达思想的工具，但很多男孩不能游刃有余地使用，因为他们常常惧怕表达。惧怕表达，在心理上属于一种自我保护机制——人们因为担心被嘲笑、被拒绝，或者觉得自己的观点还不够成熟，所以习惯了在某些环境中沉默。

　　习惯沉默的人，认为它是一种"更安全"的处世之道。但事实上，沉默会让男孩失去很多建立自信、积累社交经验的好机会。要知道，如今社会要求男孩不仅"肚子里有货"，也要能"自卖自夸"。如何恰当地表达自己，已经成为一个不能回避的挑战。这不仅关乎到男孩的成长和发展，还直接影响到他们在集体中的地位和影响力。

　　处在成长期的男孩，迎来了"修炼"表达力的关键时期。你必须克服表达恐惧，才能从过度的心理保护机制中走出来。

如果你和小林一样，羞于表达，甚至害怕在众人面前讲话，那么可以通过以下几个方法调整这一心态。

① 在重要发言之前提前"演习"

在应对辩论会、当众发言这种可以"预知"的表达场景时，你可以通过提前模拟来提升自信。你可以叫上朋友或家人，让他们充当观众或交流对象，进行一次模拟试练。通过模拟，你可以把陌生场景变成熟悉场景，而在熟悉的场景中，人的恐惧心理会大大降低。

② 正视自己内心的恐惧

你需要认识到，大多数人不是天生的演讲家。那些善于表达的人，往往是在不断练习之后，才最终战胜了表达恐惧。所以，不要觉得恐惧不可战胜，你要正视恐惧、直面恐惧。只有了解自己在什么情况下心理承受能力最弱，才能有针对性地改善。

③ 寻找更好的表达环境

生活中有些人，自己不见得善于表达，但是他们会躲在台下，对表达者说些风言风语，你要尽量避免与此类人沟通，着力寻找一个支持性环境，其中包括理解和鼓励自己的老师、家人和朋友。他们可以在你的表达过程中给予正面反馈，帮助你改进表达方式，并在每次成功表达后给予肯定。这种持续的正面强化可以逐步消除你的不安，增强你的表达能力。

别人伤害你一次，为什么你要伤害自己很多天

　　小陈是班上的篮球健将，总能在球场上很好地掌控局势。但是，在某场篮球比赛中，小陈状态欠佳，投篮频繁"打铁"。

　　眼看就要输掉比赛，队友们的心态有些"失控"。一个平时与小陈关系不错的队友，竟然把比赛的失利完全归咎于小陈的失常发挥，冷嘲热讽地说："看来'中投王'今天变成'大铁匠'啊。"这话让自尊心很强的小陈很不舒服。

　　从那天以后，小陈对篮球的热情降到冰点，他甚至不愿意再为班级"出战"。班主任了解了其中的"内情"之后，对小陈说："你不能因为别人的一句话就否定自己，更不能因为别人的语言攻击就失去自信。"

这句话让小陈"顿悟"了。他心想："是啊，我的水平什么样自己知道，我也曾经无数次证明过自己，怎么能因为别人的一句话就否定自己呢？"小陈重新回到球场，逐渐找回状态，再次成为可以左右比赛的"中投王"。

我要做回那个在球场上自信的人，而不再被别人的话语左右。

自尊心很强的男孩，特别容易被夸奖的话激励，但也同样容易被一时的负面评价所困扰。许多男孩会因为他人的"恶言恶语"而"自暴自弃"，甚至完全丧失自信。

男孩，你要记住，面对风言风语不被其左右，是你成长路上的必修课。你必须正确面对批评，毕竟成长之路不可能一帆风顺，总会遇到一些失败。此时，如何面对外界的负面评价，对于你来说是非常重要的考验。

那么，如何面对外界的负面评价呢？你要懂得以下几点。

1 正确的批评，要虚心接受

批评不全是不怀好意的，有些批评，实际上是在指出你的一些弱点。对于这样的批评，你要虚心接受，改正自身的缺点。

2 对于无端的指责，要学会"无视"

很多时候，他人的批评仅仅是因为你没有达到他们的预期，属于毫无营养的情绪发泄。面对这样的批评，你要学会"无视"。不要与批评你的人争执。一个人想要给你挑毛病，总会有他的说辞，与其纠缠毫无益处，还不如干脆不听不信。

3 建立正确的自我认知

如何才能分辨出哪些批评是有益的？哪些批评是有害的？你需要有正确的自我认识，看得到自己的优点，也分得清自身的短处。这样才不会因为他人批评就全盘否定自己，也不会把别人的正确批评当成"人身攻击"加以抵触。

面对不公，
用正确的方式表达愤怒

最近，高中生小赵陷入一场作弊风波中。在一次重要的模拟考试后，老师看到他脚下有一个纸团，上面写着某道大题的答案。于是，老师认为有人在考试过程中给小赵传递答案，并且要求小赵"坦白从宽"，把那个传递答案的人"供"出来。

事实上，小赵并没有作弊，作弊的是他的同桌。小赵当时在认真答题，没有发觉一个写有答案的纸团被扔到他脚下，因此，他否认作弊，自然没有"供"出"同谋"。

班主任老师认为小赵是"死不承认"，于是在没有深入调查的前提下，便草率地决定对他进行处分。

这件事对小赵造成了极大的打击。要知道，小赵平日里一直是个很讲诚信和公正的孩子，现在居然蒙受如此不白之冤，让他感到极其愤怒。但开始的时候，小赵无从辩驳，只能沉默，因为他担心反驳会使情况变得更糟。然而，随着处分日期的临近，小赵意识到如果他不为自己辩护，这个莫名的污点将永远留在自己的档案上……

被冤枉，被区别对待，是许多男孩难以忍受的事情。有些孩子遇到以上状况时，或许是因为不知道如何应对，或许是因为总想着"以和为贵"，往往会选择"忍气吞声"，导致自身权益遭到无端侵害。这种处理方式，其实是不可取的，你要勇敢地站出来为自己辩护，不要因为恐惧或是为了避免冲突而选择沉默，该表达愤怒的时候，就不要躲避。

支持你表达愤怒，不等于鼓励你盲目地发泄情绪，要用正确的方式，明智而坚定地表达自己的情绪，表明自己的立场。

为了有效地处理类似的情况，可能面临不公对待的你可以先了解一下以下几种策略。

❶ 用证据说话

在被误会或冤枉时，要懂得用证据说话。你不能盲目地表达情绪，但要向别人证明自己的愤怒是"合理"的，所以应收集所有的相关证据和信息，帮助自己澄清误会。

② 寻求支持

要寻求家长或他人的支持。面对不公正待遇，你要及时向家长或老师反映情况。这不仅是为了获得情感上的支持，更重要的是可以获得来自他人的切实建议和具体支持，以便更加高效地解决问题。

③ 正确地表达愤怒

要掌握表达愤怒的正确方式。你在表达不满和愤怒时，应该选择合适的时机和方式，越是愤怒时，越要控制自己的行为。不要被愤怒冲昏头脑，做出出格的事情，以免到时候有理也变成了"无理"。

孔融可以让梨，
但不会让出所有东西

最近，学校要评选优秀少先队员，可惜每个班级只有一个名额。

初评阶段，每个参评的学生都需要写一封"自我推荐信"，说明自己在过去一年里为少先队建设做出的贡献，以此获得评选资格。小强是班级里最有可能被选为优秀少先队员的学生，因为他屡次在少先队活动中表现优异。

就在小强写自我推荐信的时候，同学小何走了过来，说："小强，你去年已经获得了优秀少先队员的称号，今年就不要和同学们'抢'了，好不好？"小强很疑惑，问："为什么？"小何说："你难道没有听说过孔融让梨的故事吗？要懂得谦让啊。"

　　小强微微一笑，说："孔融的慷慨是值得学习的，但不是所有东西都要'让'，荣誉该是谁的就是谁的，这才叫公平。如果把集体荣誉当成个人利益让来让去，那才是真正的不公平。"

　　听了小强的话，同学们都深感信服，大家明白了一个道理——尽管让梨体现了礼貌和尊重，但如果总是让步，可能会使人失去应有的权利和尊严。真正有智慧的做法不是无条件地让步，而是能够根据情况判断什么时候该让步，什么时候该坚持。这种平衡的方式是每个人在成长过程中必须学习的。

从小，父母教你分享，书上教你谦让，但你要知道，分享也好，谦让也罢，都有一个重要的前提——我愿意。

如果你在"让"出一件东西的时候，感觉自己"受了委屈"，那么你就要想一想：我是不是必须"让"？事实上，"拒绝"是与"分享"同样重要的权利。你不能养成"讨好别人、委屈自己"的思维方式，人首先要尊重自己的利益和感受，然后再拿出"余力"考虑别人的感受。如果一个人以讨好别人为"人生目标"，非但不能获得快乐，也不能得到别人的尊重。

到底什么时候该分享，什么时候该拒绝呢？你要明白三件事。

1 我能不能接受失去

从自我感受出发，去考量该不该分享，是一件很重要的事情。一件东西，如果你觉得分享出去比独享快乐，而且也能接受失去这件东西带来的后果，那么就可以分享；如果你觉得独享更快乐，或者不能接受失去它的后果，就不要分享。许多男孩子容易"上头"，一高兴就把自己心爱的东西分享了出去，可是又会后悔。这就是没有考虑周全带来的烦恼。

2 对方该不该得到

如果把对方不该得到的东西分享给了他，其实对他是"有害"的。比如小强的同学，未必有获得优秀少先队员的资格，却想让小强放弃，如果小强真的让了，不仅自己的利益受到损害，同时也损害了优秀少年队员评选的公正性。所以，有些东西，只能靠自己去赢得，是你的就是你的，甚至有些你没有资格分享给别人！

③ 分享之后有什么后果

决定分享之前，你应该先评估分享可能带来的后果。如果分享能够增进相互理解、促进问题解决或带来正面影响，那么分享是值得的。反之，你就应该拒绝。此外，对于不合理的要求或期望，如超出能力范围的任务或违背个人价值观的请求，你必须勇敢拒绝，以避免后续出现不良后果。

老师，我尊重您的决定，但我希望您能考虑我的意见。

助人为乐的"边界"

　　小常是个热心人，经常帮助同学解决各种学习和生活上的问题。乐于助人的性格让他在班级中颇受欢迎，他也很享受这种被大家爱戴的感觉。

　　因此，小常经常为了帮助别人而牺牲自己的利益。这不，在期末考试前，小常花费了大量时间帮助同学复习，自己反倒没有根据自身学习状况进行有针对性的复习。

　　考试结果出来后，小常的成绩下滑得非常明显。班主任老师发现了背后的缘由，决定找小常谈谈。

　　班主任老师首先表扬了小常无私和助人为乐的精神，但随后话锋一转，说：“乐于助人是很好的品质，但是如果超出自己的能力范围，就是一种过度的自我牺牲了。在大多数情况下，这不是一件值得提倡的事情。尤其对于青少年来讲，做自己力所能及的事情，维护自身的权益，才是你们首先要考虑的。”

帮助别人，可能会损害自己的利益，你该怎么选择？

男孩，你千万要记得，虽然助人为乐是一种美德，但是不能以牺牲个人切身利益为代价，而是要在能力范围之内去帮助别人。

以小常为例，他帮助同学复习的行为值得夸赞吗？当然值得！但是，如果帮助同学复习的代价是自己的学习成绩大幅度下降，那他的行为就不值得鼓励了。因为对于学生来讲，学习成绩就是他的切身利益，一个人如果连自己的切身利益都保护不了，还怎么帮助别人呢？我们可以试想一下：如果小常的学习成绩持续下降，他还有资格、有能力帮助别人学习吗？

总而言之，你要看清助人为乐的边界——真正能让人快乐的帮助行为，应该是自愿的、有意义的，而且要避免自我消耗。为了在生活中做到这一点，你需要恪守以下原则。

1 弄清楚助人为乐的边界

帮助别人会很快乐，前提是不损害自己的切身利益，否则助人会成为你痛苦的来源。你要在能力范围之内助人，助人为乐绝不能"蛮干""硬上"。

2 要学会说"不"

面对他人的求助请求，你有权利说"不"。适时地拒绝是一种自我保护策略，如果你是小常，别人的补习请求过多占用了你的学习时间，你完全可以礼貌地拒绝。

记住，做任何事情，都要"在能力范围之内"。你不要高估自己的能力，也不要越过自己的能力极限去帮助别人。因为在大多数情况下，那样做的结果只有两个：助人不成反添乱；过度消耗自己，助人成为负担。

第二章

交朋友要有眼光，务必远离"毒友谊"

交朋友，男孩要积极主动，更要慎重，平时多观察对方的行为模式、价值观以及对待他人的态度，以便戒掉"友情脑"，远离"毒朋友"。

"好大哥"不会真的用心保护你

李明和张华最近因为学校里的一些小事，发生了比较严重的言语冲突。这两个男孩性格都很偏激，因此互不相让，暗中较劲。

在这场无形的较量中，李明感到自己势单力薄，没有把握"战胜"张华。于是，他做出了一个极其错误且危险的决定——找了一个社会青年王某来给自己撑场面。

王某的介入，导致这场争执迅速升级。

某天下午放学之后，李明和王某二人对张华实施了残忍的殴打，在此过程中，伤及了张华的要害部位。

张华的伤势极其严重。紧急救援人员将他送到医院，医生们虽然竭尽全力进行抢救，但无奈他的伤势过重，最终未能挽回他年轻的生命。一个充满活力和梦想的少年，就这样在暴力的阴影下黯然离世。

许多男孩子太过重视所谓 "哥们儿义气"，因此会被一些所谓的 "好大哥" 吸引，沾染上一些不良习气。其中最典型、最常见的不良习气就是 "暴力倾向"。

在许多时候，"好大哥" 是青少年暴力行为的教唆者，他们倾向于用暴力 "维护" 自己的 "朋友"，有些人则因为有 "好大哥" "维护"，更加肆无忌惮，最终导致暴力升级，酿成大错。

正所谓 "近朱者赤，近墨者黑"，和一些具有不良习气的 "好大哥"

接触太深，又沉迷于暴力带来的"刺激"，常常会让青少年迷失自我。如果像李明一样，成为暴力事件的加害者，并导致了不可收拾的后果，那么就会抱憾终生。

你可能会认为"好大哥"是自己的保护神，其实他们往往是拖你下水的"衰神"。真正的安全，需要你用正义的力量来守护。你要谨记下面三条社交原则。

① 暴力手段不能解决问题

不要认为暴力手段可以解决问题。事实上，大多数情况下，暴力手段只会让小事变成大事，让大事变得难以收拾。遇到问题，要多思考，用智慧解决问题，不要想着呼朋引伴、仗势欺人。要知道，你叫人来帮你解决问题，如果叫来的人闯下大祸，你也要承担责任。

青春期男生特别容易冲动。如果你能在这个时候领悟理性的力量，控制好自己的情绪和脾气，那么就会"提前成长"，对于良好性格的养成大有裨益。

② 解决问题要靠自己

靠别人解决问题，都是要付出代价的。你靠"好大哥"解决小问题，日后"好大哥"就会理直气壮地把你推向大麻烦。所以，靠自己，才最可靠。

3 提升自己，而不是炫耀

有些青少年就喜欢充当"好大哥"的角色，觉得自己可以给别人当"保护伞"，事事都想强出头。但你要知道一个道理——如果你总是去踢石头，总有一天会碰到踢不动的石头，到时候伤的就是自己的脚。作为青少年，你处在能力的"积累期"，而不是"释放期"，所以，不要总想着炫耀自己的能力，更不能以不恰当的手段展现自己的能力。

义气应该讲，
但首先要分清是非对错

高中生武强遇到了一件义愤填膺的事情——自己的一个好朋友被其他班级的学生堵在操场上殴打，都流血了！

武强心想："最好的朋友受此大辱，我绝不能坐视不管！"于是，他联系了其他几个共同好友，决定联合起来"复仇"。

当天晚上，下晚自习的时候，武强带着一帮人将殴打他朋友的那几个"敌人"堵在半路上，不由分说上前就是一顿乱打。由于人多势众，很快就把对方所有人打倒在地，但武强的一个朋友还觉得不解气，上前照着一个"敌人"的头就是一脚，对方当场昏了过去！

事情闹大了！那个昏过去的学生，事后被检查出脑震荡。由于涉嫌严重侵害，武强等人已构成故意伤害罪。而且武强等人都超过了12周岁，所以很有可能受到刑法的制裁！

所谓哥们儿义气，实际上是为了维护小团体利益的自私行为。男孩一旦开始和别人讲哥们儿义气，常常意味着他们把人分成两种：小团体内的人和小团体外的人。

一旦小团体内的人和小团体外的人起了冲突，他们会不讲原则、不分对错地维护自己人，甚至会为此做出一些过激的行为。所以，讲究哥们儿义气是非常不可取的思想。把哥们儿义气当成行为准则的思想，更是非常危险。

男孩越早懂得一个道理越好，那就是哥们儿义气不等于友情。因为真正的友情要以"义"为先，追求公理和正义；哥们儿义气却以"哥们儿"为先，为了哥们儿罔顾事实、颠倒黑白、不管不顾是常态。

那么男孩如何正确区分友情和哥们儿义气呢？只需要看下面几个表现。

1 是否理解、信任和尊重彼此

朋友在一起相互进步，哥们儿在一起吃喝玩乐。友情建立在相互理解、信任、尊重和支持的基础上，不会因个人"交情"而违背法律和社会公德；哥们儿义气则源于江湖风气，往往过分强调小团体或个人的利益，容易失去原则，不辨是非。

2 是否理智、负责

友情中的行为是理智和负责任的。当你遇到困难或挑战时，真正的朋友会给予鼓励、建议和必要的帮助，而不是盲目地支持或纵容。哥们儿义气常常表现为盲目服从和极端行为。为了哥们儿或某个小团体的利益，他们可能会不顾一切地支持或纵容对方的行为，即使这些行为是错误的或违法的。

真正的朋友，希望你能做正确的事，不断提高自己，但是哥们儿不一样，他们只希望和你"及时行乐"，对于你的前途、发展不管不顾。

3 是否有利于双方成长和发展

朋友讲原则，哥们儿只讲小团体。你做了错事，朋友会批评你，监督你改正，这也是促进你成长的一种方式，但是哥们儿会无原则地维护你，看起来是为你好，实际上却会让你在错误的道路上越走越远。

真正的友情可以促进双方的成长和发展。在友情的陪伴下，人们可以相互学习、共同进步，成为更好的自己。朋友帮你是为了你好，而哥们儿帮你，是为了拉你 "下水"。男孩千万要记住，你要 "义"，但是要的是朋友之义，而不是哥们儿义气。

朋友要求你一起做不好的事情，拒绝并纠正他

周小溪和好友吕明放学后一起回家。当他们经过一家超市时，吕明突然停下脚步，悄悄地对周小溪提议道："我们进去偷点零食吧！"

周小溪很纳闷，说："家长给了我们零花钱，也给我们买了许多零食，为什么要偷呢？"

吕明笑嘻嘻地说："偷来的零食吃着更香，多刺激啊！"

听到这话，周小溪感到非常不解。"怎么能用偷东西的方式找刺激呢？"他暗自想着。而且，周小溪的家庭教育和价值观告诉他，这种行为是绝对不能接受的。于是，他坚定地对吕明说："我不会跟你去偷东西。"

"你真不够朋友！"吕明反倒指责起周小溪，"算我没交过你这么个朋友！"

周小溪看着吕明，说："或许，这句话应该是我对你说才对。作为朋友，你蛊惑我偷东西，这是朋友该有的行为吗？"

吕明哑口无言。

在青少年时期，男孩很容易受到身边所谓"朋友"的影响。有些男孩，交到了坏朋友，遭到朋友裹挟，做了不应该做的事情，造成了严重的后果。

作为涉世未深的孩子，你在人际关系中应该首先弄明白两件事——我要成为什么样的人？我的朋友应该是什么样的人？

事实上，这两件事有时候是一件事，因为你是什么样的人，就应该交什么样的朋友；你的朋友是什么样的人，你最终也会变成和他差不多的样子。朋友之间是互相影响的，这种影响潜移默化，"防不胜防"。

所以，男孩，你要懂得，世界上不存在道德和友情的"两难抉择"，如果你觉得朋友的行为与你的道德观相冲突，那么只能证明一件事——他不应该成为你的朋友，你不应该成为他的样子。

所以，你有三种朋友不能交。

① 带你做"坏事"的

如果你发现你的某个"朋友"要带你做"坏事"，那么就意味着他在内心并不认可你所坚持的道德标准。这样的朋友，你一定要远离，因为你们从道德上讲属于"两个世界"的人。和这样的朋友打交道，最后要么是分道扬镳，要么是被他"拉下水"。

② 总想"控制"你的

有人会用"友情"来绑架你，动不动就要求你做一些不想做的事。如果你拒绝，他们就会说："你也太不够朋友了。"这样的人，不适合做朋友，因为在他们心目中，友情是控制另一个人的工具。他们不知道什么才是真正的友情，因此不会成为合格的朋友。

③ 阻止你和其他人交朋友的

有些人，你成为他们的朋友之后，他们会阻止你和其他人交朋友。对于这样的人，你也应该远离，因为真正的朋友是"不排外"的。那些阻止你和其他人交朋友的人，实际上可能另有所图，千万要小心！

酒精对你的伤害，比你想象的要大

刘波原本成绩优秀，最近成绩却一落千丈，原因是他开始悄悄尝试喝酒。

刘波第一次喝酒，是他的朋友张维为"带"的。那天，张维为问刘波："你喝过酒吗？"

刘波摇摇头，说："小孩儿不能喝酒！"

张维为笑着说："我喝过酒，一点点红酒，很香，有葡萄味儿，喝完了有点晕晕的，那感觉很奇妙。"

刘波被张维为说得心动了，便决定自己也尝试一下。刘波的父母不在身边，他跟着爷爷奶奶一起生活。爷爷奶奶平时对他的管教并不严格，所以刘波有很多喝酒的机会。时间长了，刘波竟然产生了酒瘾，有事没事就想喝两口。

一天，学校组织徒步活动。刘波因为前一晚饮酒过多，身体状态极差。刚开始徒步时，他就已经感到头晕眼花，但为了不让老师和同学察觉，他强撑着继续走。可没多久，他就因为体力不支，突然晕倒在地。

老师立刻将刘波送往医院，医生的诊断让所有人震惊不已——因为年纪轻轻却长期饮酒，刘波已经出现了比较严重的健康问题！

刘波在朋友的"蛊惑"之下，染上了喝酒的恶习。或许，在他的眼中，喝酒算不得什么错误——那么多大人天天喝酒，小孩为什么不能喝？因为酒精可以让人短暂地逃避现实，所以刘波逐渐喜欢上了喝酒。殊不知，这个在他眼中司空见惯的行为，却足以毁掉一个男孩的正常生活。

酒精，对人们尤其是青少年的身体健康，有非常大的影响。首先，它是一级致癌物，许多酗酒的人，比不喝酒的人更容易患上癌症。其次，酒精会严重损伤人的脑细胞，对于身体发育不完全的孩子来讲，这种负面影响更加可怕，会带来不可逆的伤害，影响他们的智力和反应力。最后，酒精会让人失去理性。人在喝醉酒之后，行为会失去控制，做出一些出格，甚至是难以挽回的错事。

作为男孩，你要如何远离酒精带来的危害呢？

① 正确认识喝酒与"解压"的关系

不要认为喝酒是一种"解压"的方式。许多男孩认为喝酒可以缓解自己的压力，但实际上，酒精不具备这样的功能，它只会损害大脑神经。你要形成正确的压力应对方式，用健康的方式迎接生活中的挑战。

② 不要认为喝酒是一件很酷的事情

许多男孩觉得喝酒很酷，认为自己作为"男人"，可以通过喝酒来彰显自己的风采。这是一种非常愚蠢的认知。喝酒一点儿也不酷，相反，喝醉酒的人大多数很"傻"，因为酒精会让人丧失理智。

③ 不要因为好奇而喝酒

有好奇心是好事儿，但是你要把好奇心用在探索未知事物上，关于喝酒这件事情，却一点儿也不"未知"——它的坏处，就实实在在摆在那里。许多因为喝酒而出现的负面事件，也明明白白告诉我们——喝酒百害而无一益！

另外，你非但自己不要喝酒，还要承担起家庭禁酒员的义务，尽量阻止家庭成员饮酒，这是为他们的健康着想。

不要模仿坏朋友的言行

王东明的父亲最近发现儿子有点儿不太对劲——每天进门前，王东明都要闻闻自己身上的味道，回家之后总是绕着父亲走，还特别积极主动地去刷牙！

父亲怀疑王东明在外面抽烟，于是便悄悄地观察他。果然，他在王东明身上发现了香烟和打火机，人赃俱获！

父亲非常生气，对王东明说："咱们全家没有一个抽烟的！你是怎么学会的？"

王东明战战兢兢地说出实情。原来，他最近交了一个朋友，那个朋友虽然也才上高二，但是已经有两年烟龄了。那个朋友总是对王东明说："饭后一支烟，赛过活神仙。"王东明之前不知道香烟有这么神奇的"功效"，在好奇心的驱使之下，也开始抽烟，并且觉得这样很酷！

父亲气坏了，严厉地说："我提醒你，马上戒烟，而且不要和那种有不良嗜好的人交朋友！"王东明嘴上答应了，但是私底下依然我行我素……

"近朱者赤，近墨者黑"，这一点在男孩的成长过程中表现得尤为明显。《颜氏家训》中说："人在年少，神情未定，所与款狎，熏渍陶染，言笑举动，无心于学，潜移暗化，自然似之。"意思是说，人在年少的时候，性格、行为模式还没有固定下来，这时候就特别容易受到身边人潜移默化的影响。

很多时候，朋友对人的影响，甚至比家人还要大。因为你很容易把朋友当成"行为标杆"，总会觉得："我们都是同龄人，他能做的事情，我也能做，我也要做！"如此思考，很容易使你受朋友的"感染"，做出错误的行为。因此，你在和朋友交往的时候，一定要慎之又慎，千万不要被朋友的坏毛病"同化"。

有不好习惯的人，你跟他们交朋友，要学习他们的长处，不能模仿他们的短处，更不能"感染"他们的坏习惯。想要做到这一点，你需要形成两个关键性认识。

1 明辨是非

你不能因为对方是朋友，就觉得对方做什么都有道理。每个人都可能有坏习惯，而坏习惯最终会体现在行为上。即便是你最好的朋友，他也可能会有一些坏行为，你不应该被友情蒙蔽双眼，对朋友的坏行为"视而不见"。在任何时候，你都要有明辨是非的能力。

2 坚守底线

做人要有底线。所谓底线，简单来说就是，有些事情绝对不做。比如，

你本来不抽烟，也知道抽烟这件事情有害无益，那么"不抽烟"就是你的

底线。即便朋友说"就抽一口尝尝""抽一根也不会上瘾"之类的话，你

也绝对不能越过自己的底线。是底线，就要坚持，决不尝试，决不妥协。

有了这种意识，你就可以避免被朋友"蛊惑"。

第三章

不取悦、不逞强，才能不做受气包儿

很多男孩为了赢得认可，忽视个人感受，取悦、讨好，或者逞强。但事实上，这样可能受人"拿捏"，在人际关系中更容易处于被动地位。

帮助别人没有问题，前提是不能委屈自己

14岁的小雷性格活泼开朗，又是个热心肠，因此班上的同学都很喜欢他。无论谁遇到困难，他总是第一个站出来帮助。每当听到别人对他说"谢谢"时，他内心都会感到无比满足，认为自己做的一切都是值得的。然而，有时候因为他把精力过多地放在帮助别人上面，自己也会感到疲惫和迷茫。

比如那次学校篮球队选拔队员，小雷非常期待自己能够通过考核。为了能入选，他提前半个月就开始刻苦训练，几乎每天都泡在篮球场上。然而，就在选拔前夕，他的好朋友小刚向他求助。小刚因为平时疏于训练，担心自己无法通过选拔，便请小雷指导自己。小雷虽然知道自己也到了最后的冲刺训练阶段，但出于友情和想要得到小刚认可的心态，他放弃了自己的训练计划，拿出大量时间指导小刚训练。

因为选拔前关键的几天都在帮助小刚，小雷自己的体能和技术都没能保持最好的状态。结果正式选拔的那天，小雷发挥不佳，几次关键投篮都没有命中，遗憾地落选了。小刚反倒因为小雷的用心指导和冲刺训练，顺利入选球队。

当选拔结果公布时，小雷虽然为小刚的入选感到开心，但心里也充满失落和疲惫。他帮助了朋友，却牺牲了自己想要的机会。这让小雷开始反思：帮助别人没有什么问题，但前提是不能委屈自己，更不能为了帮助别人而错失原本属于自己的机会。

男孩热心肠、乐于助人不是坏事，但一定要把握好"尺度"。在人生的旅途中，每个人都是自己故事的主角，都应当活出自己的精彩，不能为了帮助别人而委屈自己，更不能把无底线地帮助他人当成实现自我价值的方式。

男孩容易被外界期望过度影响，为了帮助他人而牺牲自己。他们可能会忽略自己，甚至面对不公平和不合理的要求时，也选择默默承受。这样的行为虽然在短期内可能会让他们获得他人的好感，但长期来看，对男孩的成长却很不利，会让男孩低估自我价值，压制自我需求，在人生舞台上沦为"配角"。

很多男孩和小雷有相似的经历，会在帮助别人和满足自己的需求之间摇摆不定。

好像帮助别人是自己的义务，优先考虑自己就是"自私"，其实这种想法是没有必要的。帮助别人没有问题，但有一个前提，那就是不要委屈自己。

男孩，你要想不为了帮助别人而委屈自己，需要做到以下几点。

1 建立清晰的自我认知

你要认识到自我价值不完全取决于他人的认可，主要源于自我成长和内在满足。你需要明确自己的价值观、兴趣爱好、优势和不足，这样在与他人交往时，就能更清楚地知道自己在哪些方面可以帮助别人，付出多少时间和精力，以及帮到什么程度。只有建立清晰的自我认知，你才能在别人需要帮助时，根据自己的原则和价值观做出判断，选择帮或不帮，而不是轻易被他人的需求或意见所左右。

嗯……下次我还是得先顾好自己，毕竟"友谊"不一定能帮我进队啊。

② 培养自信心

一个人不断地委屈自己，为了得到他人的肯定而过多付出，很可能是由于缺乏自信。对于男孩的健康成长来说，培养自信心是必不可少的。自信是尊重自己的重要体现，也是建立独立人格的关键。你可以通过不断学习、实践和积累经验，提升自己的能力和素质，从而增强自信心。

当你对自己充满信心时，你就能更加自如地与他人交往。面对是否帮助别人时，也能够做出更符合内心的选择。

3 勇敢表达

真正的友谊，应该建立在相互理解和尊重的基础上。你要学会勇敢地表达自己，坦诚地说出自己的观点和感受，而不需要刻意取悦别人。坦诚、礼貌地沟通，可以在不伤害他人感情的同时，让他人更好地理解自己，从而达到不勉强自己、委屈自己的目的。比如，当你无法满足别人求助时，你可以坦诚地说出原因，这样不会伤害你们之间健康、平等的人际关系。

努力取悦别人并不能帮你获得真正的友谊

　　14岁的小任一直是班里的"老好人"，不管哪个同学都能"指挥"他做事。无论是辅导功课，还是打扫卫生，抑或是班里组织活动，小任总是像"老黄牛"一样默默地付出。小任希望自己能让每个同学高兴，为此他把大量的时间、精力花费在别人的事情上，认为自己付出了那么多，大家一定会喜欢自己，把自己当最好的朋友。

　　然而，事情并不像他想的那样。临近期中考试，小任因生病错过几天重要的课程，他急需借同学的笔记复习补课。没想到他接连问了好几个平时关系不错的"好朋友"，都被拒绝了："我的笔记还没有整理好，可能帮不了你。""我还没复习好呢，你问问别人吧。"

"好朋友"的反应让小任感到失望和困惑。他不禁默默地问自己：为什么我对别人付出了这么多，关键时刻却没有人愿意帮我呢？

这件事让小任开始反思。他逐渐意识到，或许友谊并不是靠无条件地付出来维系的。他努力取悦别人，却没有获得他们真正的友谊和尊重。

人们总渴望与志同道合的人建立深厚的友谊，希望好朋友能够与自己一起分享喜悦、共渡风雨。对于年纪小、精力旺盛且对社交有着强烈需求的男孩来说，有时候会在如何获得友谊上陷入认知误区，他们可能会错误地认为取悦他人就是赢得友谊的捷径。殊不知，一味取悦别人，并不能帮他们获得真正的友谊。

一味取悦他人，意味着你会忽略自己的真实感受和需求，甚至牺牲自己的原则和底线，以迎合他人的喜好和期望。如果你总是为了取悦他人而改变自己，那么最终可能会变得面目全非，连自己都认不出来了。这样获得的"友谊"，又怎能称得上真正的友谊呢？真正的友谊，应该建立在相互理解、尊重和真诚的基础上，而不是单方面地取悦和迎合。

你如果像小任一样，一味取悦他人，就会发现即使付出很多努力，也无法得到所有人的认可和喜爱。甚至有可能在关键时刻，你会发现所谓的"好朋友"之间的交情，不过是一些"塑料友谊"。

那么，你如何在尊重自己的前提下获得友谊呢？

① 尊重自我价值

你需要明白，每个人都有自己的价值和独特之处，不必为了得到他人认可而刻意讨好，因为真正的价值不是由他人的评价来定义的。你要了解自己的长处和短处，接受并珍视自己的独特性，尊重自我价值。当你对自己有了清晰认识，就能更加自信地与他人交往，不会为了迎合他人而失去自我。只有更好地尊重自己，才能吸引到真正欣赏和尊重你的朋友。只有这样，你才能真正地活出自我，成为自己想要成为的人。

② 设立边界

在与人交往的过程中，你需要明确自己的原则和底线，学会设立边界。对于不合理的要求或侵犯个人利益的行为，要勇于表达不满，坚定地拒绝。同时，也要学会尊重他人的边界。两个人相处，就像刺猬报团取暖，距离太近会刺伤对方。与他人保持一定的距离，并不意味着冷漠或疏远，而是一种对交往分寸的把握，对个人界限的尊重。尊重彼此的私人空间和事务，不要过度干涉或依赖对方。只有这样，你才能获得更加健康和持久的友谊。

③ 学会筛选朋友

你要学会筛选朋友，选择志同道合的朋友交往。与那些价值观相近、兴趣相投的人建立友谊，会产生更多共同的话题和共鸣，让你们在交往过程中更加轻松自在。这样的友谊，不仅能够让人感到快乐和满足，还能促进成长和进步。喜欢一只蝴蝶，不要去追它，应该去种花、种草，等到春暖花开，蝴蝶自然会飞回来。要吸引到那些真正懂得尊重和欣赏你的人，你就要不断进步，成为更好的自己。

拒绝无理要求，对不喜欢的事情说"不"

东铭是个性格温和的孩子，从不与人争执，很多人夸他懂事。不过，东铭妈妈心里清楚，这孩子其实是不懂得拒绝别人。

一次，东铭爸爸给他买了一个滑板，这可是他心心念念好久的玩具。东铭兴奋极了，马上跑到小区广场上去练习。然而，他的快乐还没持续多久，就被一个六七岁的小男孩打断了。小男孩眼巴巴地看着他的滑板，央求自己的妈妈帮忙"借"来玩玩。那位妈妈对东铭说："这位小哥哥，把你的滑板让给弟弟玩一会儿吧！"

东铭内心虽然很不情愿，却不懂得怎么拒绝，于是默默地把滑板递给了小男孩。原本以为小男孩玩一会儿就会还回来，可没想到对方完全没有停下来的意思。东铭在旁边着急地来回走动，小男孩的妈妈却视而不见，仿佛那个滑板本来就属于她的孩子。

东铭看着那个小男孩兴高采烈地玩着自己的滑板，心里充满了委屈和无奈，却没有勇气开口索回。小男孩一玩就是一个多小时，直到东铭的爸爸下来，询问东铭，才明白发生了什么。在爸爸的鼓励下，东铭终于从小男孩手里要回了滑板，结束了这场令人不快的等待。

这件事让东铭意识到，过于"好说话"并不会让别人尊重，反而可能会失去原本属于自己的快乐。他开始明白，学会说"不"很重要，拒绝别人也不意味着不友好。

在成长过程中，你时常会面临他人提出的各种各样的要求，其中一些可能超出你的能力范围，或是与你的价值观、原则相悖。如果一味接受，不仅会给你自己带来不必要的压力和困扰，还可能损害自尊和自信。因此，面对这些情况，你要学会拒绝，对不喜欢的事情勇敢地说"不"。这不仅是对自我边界的守护，更是对自我价值的肯定。

拒绝无理要求，对不喜欢的事情勇敢说"不"，是一种有勇气的体现。在生活中，你难免会遇到一些自己不喜欢、不感兴趣或是无法接受的事物。如果因为害怕得罪人或是担心被孤立而选择妥协，那么你的内心将是压抑的、不快乐的。这对你的心理健康是不利的。

当然，拒绝不是一件容易的事情。它需要你有足够的勇气和决心，去面对他人的不满和失望。但是你要明白，一个人的时间和精力是有限的，不能为了满足他人的期望而扭曲甚至牺牲自己。这需要你不断修炼自己的内心，坚定原则和底线，不被他人的言语和行为所左右。

当你像东铭一样，遇到不合理的要求或者不喜欢的事情时，一定要学会拒绝，勇敢地说"不"。这是放下包袱和束缚、走向自由和幸福的重要一步。以下是一些建议，可以帮助你学会拒绝，勇敢地说"不"。

① 明确底线

你需要明确自己的底线，清楚地知道自己的原则和立场，即哪些是自己可以做的，符合自己的能力和兴趣以及价值观，哪些则不是。你不要为了迎合他人而牺牲自己的原则和底线。

有时候，面对他人的请求时，你会为了避免冲突或是不想让对方失望而不好意思拒绝，但违背本心去做一些事往往会让你忽视自己的内心感受。因此，做出决定之前，可以先问问自己，这个请求是否符合我的意愿，是否突破了我的底线？对于那些超出自己能力范围、违背原则或不感兴趣的事情，你要勇敢地说"不"。

② 学会委婉地拒绝

直接拒绝可能会让对方感到尴尬或不悦，因此，你要学会委婉地表达拒绝，尽量运用积极、正面的语言，避免给对方留下冷漠或对立的印象。比如，你可以说："我很愿意帮忙，但我现在的能力还不足以胜任这个任务。"或者说："你的邀请真的很吸引人，不过我已有其他计划，下次有机会再一起吧。"……这样的表达既传达出你拒绝的意思，又体现了友好的态度和对他人的尊重。

③ 提供替代方案

拒绝的时候，可以尝试为对方提供替代方案或建议，而不是单纯地拒绝。比如，你可以说："虽然我没有时间帮你，但可以推荐一个合适的人。"这样能让对方感受到你的支持和关心。

当然，总有一些拒绝会"得罪"别人，但这不意味着你做错了。真正的友谊和认可建立在相互理解和尊重的基础上，如果对方因为你拒绝了他的要求而一味不满，这种人往往也不值得你继续交往。

习惯性忍让，
于是成了"软柿子"

小刘天生性格温和，面对他人的无心"触犯"时，从不轻易展露锋芒，而是选择以一种豁达的态度去包容，坚信"退一步海阔天空"的人生哲学。然而，这种过度忍让，逐渐在他的性格中根植了一种难以改变的执念——习惯性忍让。

在日常生活中，小刘这种无条件忍让，让他在朋友圈中逐渐扮演起了"许愿池"的角色。那些他人不愿意做的事，那些费力不讨好的任务，自然而然地便落到小刘的肩上。

在一次班级组织的野餐活动中，有一大批运动器材和野餐用品需要搬到野餐地点。面对这份"苦力活"，众人都面露难色。他们或找借口说自己身体不适，或假装忙碌其他事情，谁也不愿承担这份差事。

这时，小刘的名字被某个同学提起，众人也不约而同地把目光投向了他，仿佛他理所当然应该独自承担这个重任。小刘的心中充满疲惫与委屈，却又不知道该如何表达自己的不满与无奈。

正当小刘准备像以前那样默默接受这个任务时，与他关系最好的小李站了出来。他对大家说："既然是集体活动，那么这次我们就一起搬，不能总让小刘一个人辛苦。"在小李的带动下，大家不情愿地跟小刘一起行动起来。

这件事让小刘开始反思自己的行为。习惯性忍让并没有给他带来更多的回报和友谊，反而让他承受了太多"额外"的任务和压力。他意识到，在日常交往中，要坚持自己的立场和界限，不能成为人人呼来喝去的"软柿子"。

在传统的教育理念中，忍让是一种美德，是谦逊与宽容的表现，但在现实生活中，一味忍让却不利于维护个人的尊严和权利。习惯性忍让，会让你忽视自己内心的声音，被别人视作"软柿子"。这不仅会对你的个人成长造成阻碍，还可能对你的心理健康、人际关系乃至未来生活产生一系列不良影响。

习惯性忍让会削弱你的自我意识和自主性。在成长过程中，每个孩子都需要逐渐建立自己的价值观和判断标准，有自己的意愿和需求，有自己的主见和目标。然而，当你习惯于忍让时，你可能会让渡自己的权利和需求，扭曲自己的意愿，失去独立性。这种状态会限制你的发展，使你难以形成独立的个性和思维方式。

在人际交往中，那些能够表达自己、坚持立场的人往往更容易获得尊重和认可。习惯性忍让的人可能因为缺乏主见和表达能力，而被他人忽视或轻视，从而在人际关系中处于被动地位或边缘化。这不仅会影响他们的社交体验，还可能让他们错失许多宝贵的机会。

被人当成"软柿子"的小刘和其他有着类似困扰的男孩应该如何改变这种状况，从而更好地保护自己呢？

① 学会设立界限，明确表达自己的感受

你要尊重自己的感受和需求，遇到不合理的要求时，应该明确地知道自己的界限，并清晰地告诉别人。例如，当你觉得任务的分配不公平时，

你可以直接表达："我觉得这个任务应该大家一起完成，而不是由我一个人来承担。"

设立清晰的界限，勇于表达自己的感受，这是维护个人权益、建立健康人际关系的基础。你可以尝试从小事做起，拒绝一些超出自己心理界限的要求。

2 培养竞争与合作意识

你需要在与他人的交往中培养健康的竞争和合作意识。比如，通过参与团队活动、体育运动或是学术竞赛等，学会在坚持个人立场的同时，与他人有效地沟通、协作，从而达到合作共赢的目的。

在处理一些具有竞争性的任务时，你要理解竞争不是游戏，更不是一方向另一方的无限让步，避免自己成为无原则的忍让者。你要学会在竞争和合作中与他人相互尊重和理解，从中寻找成长机会。

③ 培养自信与自我价值感

自信是你抵抗习惯性忍让的重要武器。通过不断学习新知识、掌握新技能，以及参与挑战性活动，你可以逐步提高自己的能力，增强自信心。一个人有了自信，就不会过于依赖向外界索求价值认同，不会过于在乎别人的眼光和评判。也就是说，一个具有"大心脏"的男孩，很难被人当成"软柿子"拿捏。

家长与教育者也应给予男孩足够的支持与鼓励，帮助他们认识到自己的独特价值，鼓励他们勇敢地展现自我、发展自我，成长为有主见、有力量、有担当的个体，为自己的人生书写更加精彩的篇章。

出风头未必成英雄，可能会让你受伤

　　程旭从小就有一个英雄梦，常常幻想自己长大后成为一名惩奸除恶、保护弱小的警察。每当他在电视上看到报道警察英勇事迹的新闻时，眼睛就会闪闪发光，仿佛里面的"英雄"就是自己。

　　程旭觉得，英雄就应该带着主角光环享受万众瞩目的荣耀。为此，他随时准备挺身而出，用拳头维护正义，为"弱者"撑起一片天。终于，这个机会让他等到了。一天，程旭远远看到同学小明在操场上跟几个高年级学生起了冲突，小明被围在中间，还被推搡了几下。那一刻，程旭仿佛化身真正的警察，毫不犹豫地冲了过去。他不分青红皂白，直接对着那几个人挥起拳头。

　　结果，程旭当然不是那几个人的对手，不仅没能保护好小明，自己也被打得鼻青脸肿，还引来一大群人围观。不过，程旭没有觉得丢脸，反而得意扬扬地昂着头，把自己当成真正的英雄。

不过，老师并不认同他的做法，不仅批评了他一顿，还叫来他的家长。但程旭依然固执地认为自己没有错。他对老师和父母说："我没有错，看到他们欺负人，我就一定要出手！你们没有看到同学们都为我鼓掌吗？"

老师听完，叹了口气，对程旭说道："帮助别人是对的，但一定要讲究方式方法，不一定非要动手才能解决问题，真正的英雄也不是只有力量没有智慧。"父母也对他说："你这样冲动，不但没有保护别人，反而让自己受了伤。你觉得这样的做法好吗？"

程旭听完老师和父母的话终于低下了头。他意识到，自己的做法除了出风头并没有达到想要的结果，也许真正的英雄并不是用拳头来解决问题的。

英雄不一定是能打的那一个，有时候脑子比拳头更管用哦！

每个男孩都怀揣成为英雄的梦想，渴望自己的壮举赢得他人的认可与尊敬。然而，有时候，一些男孩可能会误解"英雄"的真正含义，错误地将出风头、引人注目视为成为英雄的途径。殊不知，这种行为不仅无法让他们成为真正的英雄，反而可能让他们陷入困境，甚至受伤。

出风头往往意味着过度表现自己，追求表面上的荣耀，也就是虚荣。这种心理会让男孩失去理智，他们可能会不顾后果地展示自己的能力或勇气，甚至为了吸引他人注意，采取一些极端或冒险的行为。这种虚荣不能锻炼他们的勇气，反而可能让他们陷入危险之中。

男孩，你要知道，成长，不仅是身体变得强壮，更要学会在复杂的人际交往中保持冷静，用智慧应对挑战。真正的英雄，能够运用智慧，以和平的方式化解矛盾。这样既能保护自己，也可以避免给他人带来伤害。

在成长的道路上，你可能会像程旭一样，渴望展现自我，赢得他人的认可与尊敬。然而，过度追求出风头和逞英雄，可能会让自己陷入不必要的困境。为了避免这种情况，你需要认识到以下几点，以更好地保护自己。

① 树立正确的"英雄观"

你应该树立正确的"英雄观"。真正的英雄不是那些只会炫耀自己、出风头的人，而是那些情绪稳定、富有智慧、脚踏实地、默默付出、勇于承担责任的人。因此，你应该注重培养自己的内在品质，如善良、勇敢、正义等，而不是仅仅追求表面上的荣耀。只有这样，你才能在成长的道路上稳健前行，成为真正有力量、有担当的男子汉。

2 学会谦逊和低调

你需要学会谦逊和低调，不要总是想着出风头。喜欢出风头的人，很容易破坏与别人的合作氛围，从而失去朋友和信任。因此，即使你取得了一些成就，也不要过于张扬和炫耀。谦逊和低调可以让你保持清醒的头脑，避免因为骄傲自满而陷入困境。同时，谦逊和低调也可以让你赢得他人的信任和尊重，从而建立更加稳固的人际关系，赢得更多的朋友和支持者。

3 培养团队合作精神

真正的英雄，往往是那些懂得牺牲自己、为团队和他人着想的人。你应该培养自己的团队合作精神，学会发挥团队的力量。

在团队中，每个人都有自己扮演的角色，以及要做出的贡献。你要学会认识自己的优点和不足，学会欣赏他人的长处。你还要学会聆听他人的意见，通过与他人沟通合作，学会协调不同意见，共同解决问题。同时，多与同伴分享成功和喜悦，也能让他们感受到团队的力量和温暖。在与人交往过程中，你要学会尊重他人，发挥团队的力量，从而减少对个人"英雄主义"的依赖。做到这些，即使你不是最耀眼的那个，也能在团队的成功中找到自己的价值。

第四章

跟霸凌说"不"，
学会认同自我
和对抗恶意

被霸凌，不是你的错，是别人的恶意在作祟。沉默和软弱，只会助长别人的气势，让霸凌愈演愈烈。只有大胆说"不"，有效地反抗和反击，才能保护好自己。

别人总是嘲讽你的缺点，
如何有效回击

13岁的小涵从小就有轻微的口吃。虽然对他的日常生活几乎没有什么影响，但一旦站在众人面前的时候，他就会紧张起来，他的口吃会更加严重。

一次语文课上，老师请小涵站起来分享他的观点。本来他准备得很好，但刚要开口，班里几个同学就开始窃笑，还有人夸张地模仿他的语调和断句。被同学这样"恶搞"，原本就有些紧张的小涵更加不知所措，一开口，他的口吃就更严重了。

这样一来，小涵更加紧张。他感到脸颊发烫，心跳加速，话语完全卡在喉咙里。那一刻，小涵站在那里无比煎熬。他手心冒汗，脑子一片空白，只想快点坐下。虽然老师及时制止了大家的哄笑，并狠狠地批评了模仿小涵的那几个同学，但小涵还是受到了很大的伤害。

这次经历后，小涵变得更加沉默，逐渐逃避一切需要发言的机会，就连平时轻松应对的课后小组讨论也尽量避开。他把嘴巴牢牢地闭了起来，哪怕心里有再多的想法，也不愿意开口表达。

他非常讨厌当初模仿嘲笑自己的那几个同学，但自己又吵不过他们，也无法向他们讨回公道。这种局面让小涵感到无比孤独。他不知如何面对嘲笑和尴尬，甚至对学校生活失去了热情。他的自信心一天天削弱，害怕某一天会再次成为大家的笑柄。

在成长过程中，被人嘲讽几乎是人人都会经历的事情。不管你的人缘儿有多好，总有被人语言攻击的时候。研究表明，初高中时期是出现辱骂、嘲笑这类校园语言暴力最多的阶段。大部分孩子既是语言暴力的受害者，同时也是施暴者。

不过总有少数孩子，因为家庭教育或者成长环境的问题，更有攻击性。他们语言更加尖酸刻薄，容易给同学造成伤害。同样有少数孩子，更容易成为"受害者"。比如，有些孩子因为体形、声音、衣着被人嘲笑或者起绰号。可能这种嘲笑本身没有恶意，被嘲笑者却很难过，很难自行排解内心的郁闷。

如果你像小涵一样经常被人嘲讽，就容易在内心留下阴影，对自身产生怀疑，对自尊心和自信心的建立产生不良影响。当遇到被人嘲讽的情况时，你一定不能逆来顺受，而是要坚决回击。

面对他人的嘲讽，尤其是针对个人缺点的攻击，如何有效回击，不仅关乎个人尊严，也是情绪管理和人际交往的重要一课。你可以学习一些策略，帮助自己用智慧和风度应对这种情况。

① 坚决回击，保持距离

当有人恶意嘲讽自己时，你要表达自己的界限和不满，要求他们尊重自己。可以用平和但坚定的语气告诉对方："我觉得这样的玩笑有点儿过分了，希望我们能互相尊重。"或者说："你不可以这样说我，如果不向我道歉的话，我会告诉老师。"这样的回应，能够让嘲讽者意识到他们的错误，并让他们知道你不是一个容易被欺负的人。

如果对方人品和素质低下，一直恶意嘲讽自己，那么你要尽量避免与他们接触。远离"垃圾人"，可以减少受到嘲讽的可能。

② 展现自信，巧妙化解

对于自己的缺点，你没有必要回避，正视自己的缺点并大方地承认是自信的表现。比如，如果有人嘲笑你的学习成绩，你可以这样回应："确实，我在学习上还有很大的提升空间，但我相信通过自己的努力会进步的。你也要加油哦，争取在书法上超过我。"这样的回答既展现了你的自知之明，也突出了你的其他闪光点。

你还可以用轻松幽默的方式回应。这样不仅能化解尴尬，还能展现你的自信和风度。例如，如果有人调侃你的体形肥胖，你可以说："是啊，我现在是营养过剩，实在是我妈妈的厨艺太好了。"这样的回应，既显示了你的幽默感，也避免了直接冲突。

③ 寻求支持，提升自己

面对别人的恶意嘲讽，你不能很好地应对时，可以寻求周围人的支持。比如与朋友、家人或老师分享你的遭遇，请他们帮忙解决或者出主意。有时候，集体的力量和外界的舆论压力会让嘲讽者意识到自己的错误，从而收敛不当行为。

当然，最有效的回击是不断提升自我，让自己变得更优秀。无论是通过知识学习还是实践锻炼，让自己变得更好是有效回击外界嘲讽的重要手段。真正的强大来自自己坚定的内心。当你足够优秀和强大时，外界的嘲讽不过是苍蝇的聒噪。

被班级里的小团体孤立了，该怎么办

　　因为父母工作调动，小郭跟着他们搬到了一个陌生的城市，转到当地的一所小学。小郭热情开朗，爱交朋友，他对新学校充满期待，希望能尽快融入新班级，交到新朋友。然而，这里的同学似乎并不欢迎他。每当他试图接近同学们，想跟他们一起玩耍或者做游戏时，他不是被无视，就是被冷淡地拒绝。

　　小郭不知道问题出在哪里。他努力了一段时间，发现还是无法融入新的小团体，这让他非常沮丧。被孤立的感觉很不好，小郭脸上的笑容越来越少。这个情况被小郭的妈妈发现了，她在校门口接小郭回家时，看到其他小朋友都是结伴而行，互相打闹嬉笑，非常开心，可是小郭却孤零零的一个人，显得格外落寞。

于是，小郭的妈妈温柔地问他："儿子，你怎么没和同学们一起玩儿啊？"妈妈的关爱让小郭不再假装坚强，哽咽着说："他们都不愿意和我玩儿……我试过跟他们说话，可他们不想搭理我。"

小郭的妈妈非常心疼他，她能理解儿子被孤立的感受。她一边安慰小郭，一边想着帮助他度过这段难熬的时光。小郭妈妈知道，融入一个新的集体并不容易，她需要帮助小郭找到属于自己的位置和朋友。

人们天生具有社交的需求，即便性格内向的人也不例外。如果被孤立，很容易导致一个人对自身价值的怀疑和产生负面的自我评价。成年人尚且如此，孩子的心理承受能力弱，后果更严重。孩子如果处于被同学孤立的状态，他们会感到无助，变得更加孤僻、敏感，进而降低自我价值感和自尊心，甚至失去与他人交流的勇气。

面对同龄人的孤立，男孩往往会错误地认为是自己哪里不好，陷入过度反思、自我怀疑的旋涡。他们可能会感到沮丧、无助，对生活和学习的兴趣降低，与他人交往时变得紧张和过度焦虑。有的男孩为了让别人接纳自己，可能会压抑个性，或者为了寻求心理安慰和保护，结交一些 "不良少年"。不论是孤独无助，还是结交 "狐朋狗友"，都可能对男孩的成长产生危害。

男孩，当你发现自己像小郭一样被孤立时，你无疑将要面对一段艰难且孤独的旅程。然而，面对这样的困境，主动出击、积极应对才是唯一的出路。

① 正视孤独，接纳自我

你需要正视自己被孤立的事实，不要选择逃避或否认。孤独是人的成长之路的一部分，它让人有时间深入思考，更全面地认识自己。人们常说，低质量的陪伴不如高质量的孤独。你应该学会接纳这种孤独感，而不是让它成为内心的负担。

你也要认识到，被孤立不等于被遗弃，更不等于自己没有价值。每个人都有自己的独特之处，你需要明确自身价值，不要因为别人一时的孤立而否定自己。

② 真诚交往，寻求认同

一般来说，内向的孩子更容易被孤立。被孤立，往往因为缺乏与他人的交流和互动。因此，需要主动出击，尝试与周围的人建立联系，比如主动与同学打招呼、参与小组讨论、分享自己的想法和感受等。

你还可以拓展自己的交际圈子，比如跨班级或者学校参加一些活动或兴趣小组，这样不仅能丰富自己的生活，还能有机会结识新朋友。在与人交往的过程中，你要保持真诚和善良，用心聆听他人的想法和感受，这样才能逐渐拉近与他人的距离，赢得信任和友谊。

③ 保持乐观，增加魅力

你要学会自我调整，保持乐观心态，努力提升自己，增加个人魅力。当被孤立时，你要相信，困难只是暂时的，通过努力，自己一定能够走出阴影。不开心时，可以找一些让自己缓解压力的事情做，比如听音乐、看电影、玩游戏等。享受孤独时，可以培养一些兴趣爱好，比如阅读、运动、绘画等。这些活动不仅能丰富你的生活，还能提升自信心和增强魅力，让你吸引更多人的关注，获得友谊。

你要多方面提升自己的综合素质，包括学习成绩、体育技能、艺术修养等。要知道，优秀的人更容易吸引他人的注意和尊重。当你变得足够优秀和有趣时，自然会有人愿意与你交朋友。

如果有人经常威胁、恐吓你，一定要跟家长说

11岁的小华原本是个性格开朗、成绩优异的孩子。但最近，他的情绪明显低落很多，脸上也不见了往日的笑容。班主任和家长都发现了他的变化，但问他的时候，他却总说没事。实际上，小华正默默承受着班上一位同学的威胁与恐吓。

不知道为什么，那名同学总是故意找小华的麻烦，有时推搡冲撞他，有时嘲笑辱骂他。更让小华害怕的是，那名同学经常威胁他："放学后别走，我一定会好好'教训'你！"那名同学还警告他，如果敢告诉老师或家长，后果会更加严重。

为了避开那名同学，小华课间休息时总是躲在厕所里，放学后也是等

大部分同学离开了，才敢小心翼翼地走出校门，生怕在路上碰到那个"凶神恶煞"。随着时间的推移，这种恐惧感逐渐影响了他的学习和生活。小华每天都在提心吊胆中度过，再也无法集中精力听课。

　　小华的成绩越来越差，回家后也变得沉默寡言，甚至连最喜欢的篮球都不再碰了。小华的父母注意到这种情况，再三向他询问原因，但小华总是支支吾吾，不敢说出实情，他害怕那名同学"打击报复"自己。

直到父母跟班主任一起询问、开导他，小华才鼓起勇气说出了自己所经历的一切。班主任严厉地批评教育了那名同学，并给了他一个警告处分。那名同学也向小华道了歉，并承诺再也不威胁、恐吓他了。

摆脱了恐惧的阴影，小华慢慢恢复了原本阳光、自信的模样。他也因此明白一个道理：面对欺凌时，沉默只会让事情变得更糟，勇敢寻求帮助，才是走出困境的第一步。

男孩遭受威胁和恐吓，是一个不容忽视的问题。它不仅会给"受害者"的身心健康造成危害，还可能对其未来成长和发展产生不利影响。在被威胁和恐吓的状态下，男孩可能会觉得自己无能、弱小，无法保护自己，从而产生自我否定的情绪，严重伤害他们的自尊心和自信心。时间长了，他们可能会变得自卑、消极，甚至抑郁。

男孩如果长时间处于紧张和不安的状态，思维被恐惧和担忧占据，注意力自然不可能集中在学习上，也就谈不上学习效率了。这必然会影响他们的学习成绩。这种负面影响不仅作用于当下，还可能对他们未来的升学和职业发展产生不利影响。

同时，如果男孩在被威胁和被恐吓的时候不能及时得到帮助，他们可能会对他人和世界失去信任，变得孤僻、内向，难以与他人建立良好的社交关系。总之，被恐吓与被威胁无疑会严重威胁男孩的身心安全，也是他们成长道路上不应有的阴霾。

如果你也遇到了有人经常威胁、恐吓你的情况，向家长倾诉是非常重要的。以下是一些建议，可以帮助你更好地处理这种情况。

1 及时向父母寻求帮助

面对恐吓和威胁，不要孤军奋战，不要犹豫，要立即告诉父母。父母是你最亲近的人，他们会给予你最大的支持和保护。他们不希望你遭受任何形式的伤害，是你首选的求助对象。

你可以第一时间向父母详细描述自己被威胁、被恐吓的情况，包括时间、地点、涉及的人物，以及具体的言语或行为。这样有助于父母更全面地了解事情的经过，从而采取更好的应对措施。不要隐瞒自己的不安和焦虑，让父母明白你的内心感受，这样他们才能更好地理解你，并为你提供情感上的支持。除了父母，你也可以向老师或其他可信赖的人寻求帮助。

2 增强勇气，加强自我保护

你需要增强勇气和自我保护意识。面对恐吓和威胁，你不应该选择沉默和忍受。所谓"人善被人欺"，欺负别人的人也是挑"软柿子"捏，因此，你要有反抗的勇气。你平时可以多健身和锻炼，或者学习一些基本的安全知识和防身技巧，让自己的身体更强壮，自信心更强，这样就不会那么容易被"拿捏"。

当别人威胁、恐吓你的"成本"很高时,他们自然会放弃。如果自己的能力不足以反抗对方,你也应该勇敢地站出来,通过合法途径维护自己的权益。比如,可以向家长、老师、警方或相关机构汇报情况,寻求保护和支持。

③ 进行心理调适,重建信心

遭遇恐吓和威胁后,你可能会受到一定的心理创伤。因此,进行必要的心理调适是非常重要的。你可以通过与心理咨询师交流、参加心理辅导活动等方式来缓解心理压力,重建自信心和安全感。

不能以暴制暴地应对校园霸凌

某中学曾发生了一起震惊社会的事件。一名九年级学生小轩，竟然将八年级的小韦从教学楼四楼直接扔了下去。

一向与同学相处融洽的小轩，为何做出了这么极端的事情呢？事情的起因，还得从小韦长久以来的霸凌行为说起。小韦是班里的"小霸王"，常常带着一帮朋友欺负其他同学，而看上去特别老实的小轩也成了他的目标。

小韦经常带着几个人在放学路上堵住小轩，进行挑衅和言语侮辱，或者在校园的角落里威胁他，甚至动手打他。事发当天，小轩已经和小韦他们在厕所里打了一架。但是到了教学楼四楼走廊上，小韦仍然不依不饶，再次带着一群人堵住他。小轩的情绪终于崩溃，他失去理智，猛然间将小韦举起来，把他从走廊的栏杆上扔了下去。

事发后，小韦被送往医院紧急抢救，虽然保住了性命，但全身多处骨折，内脏也严重受损。小轩被警方刑事拘留，并被起诉……

校园本是一片净土。按理说，校园的每一个角落，都应该充满欢笑。然而，这片净土有时也会被阴霾笼罩——校园霸凌，就是罩在男孩头上的一片乌云。

遭遇校园霸凌，无疑是一件很不幸的事情。对于受害者而言，他们往往遭受着身体和心理上的双重摧残。除了身体上的伤害，因恐惧造成的精神压力，会让他们出现焦虑、抑郁等心理问题，严重时甚至引发自杀倾向。校园霸凌也会使受害者对美好的生活失去信心和追求，学习成绩下滑，社交能力退化。

校园霸凌是一个复杂的社会问题，也是全世界普遍存在的问题。霸凌者的恶行既是对受害者权利的侵犯，也是对受害者尊严的践踏。因此，校园霸凌是所有现代文明社会一致抵制的行为。

对于血气方刚的男孩来说，面对霸凌，很可能选择以暴制暴的极端方式去反抗。就像案例中的小轩，在遭遇霸凌时，很容易冲动行事，采取以暴制暴的手段，让自己触犯法律。这种应对方式，不仅会让他失去美好未来，也给他的家庭带来了无尽的伤痛。

那么，对男孩来说，面对校园霸凌时，该如何智慧地应对，寻求比"以暴制暴"更有效的解决方法呢？

❶ 保持冷静不冲动

当你遭遇校园霸凌时，首先要做的是保持冷静，不要因为恐惧或愤怒做出冲动的行为，也不要以暴制暴，用同样的方式回应霸凌者。要明白，霸凌者往往是通过恐吓和威胁达到自己的目的。对于这些精神上的攻击，你内心一定要强大，也许做不到完全不理会，但一定要学会开导自己，给自己加油鼓劲，降低这些攻击给自己的心理造成的影响。

❷ 及时求助

遭遇校园霸凌时，你不必一味忍让或沉默，要勇敢地反抗，坚定地说"不"。这并非要你去以暴制暴，而是要用清晰、有力的语言表达自己的不满和拒绝。同时，不要因害怕或害羞而不开口，应该及时向老师、家长或学校管理人员报告求助，让他们了解情况，采取必要的措施制止霸凌行为。

你还可以寻求其他同学的帮助，甚至直接报警。要知道，校园霸凌是一个普遍性、群体性的问题，也是法律重点关注的领域。及时求助不仅是为了保护自己，也是为了维护校园的和谐与安全。只要你勇敢地站出来，向大家寻求帮助和支持，霸凌者就会孤立无援，陷入"过街老鼠，人人喊打"的境地。不论是主动还是被动，他们都会有所收敛或者彻底改正。

3 学习自我保护

你还可以学习一些自我保护的技能。比如，身体遭受伤害时，要护住头、腹等要害部位，防止受到严重伤害。在学校或回家的路上，要选择人多的地方，避免走偏僻小路，尽量与同学结伴而行，避免单独行动。注意个人财物和隐私安全，不轻易透露个人信息。也要学习一些简单的防身术，以便在紧急情况下能够逃跑或自保。

最重要的是，你要坚定信念，不要因为别人的霸凌而否定自己，也不要因为恐惧而放弃自己，要勇敢地面对霸凌，与学校、家庭和社会一起努力，创造安全、和谐的校园环境。

"把柄"问题要机智化解

一天放学后，孙晓明打扫完卫生准备回家。在从桌洞里往外拿笔袋时，一封信被带了出来掉在地上。这封信是他偷偷写给自己暗恋已久的女生的，字里行间满是他不敢说出口的心思和情感。当然，这封信一直没有送出，而是被他小心翼翼地藏在书桌里，作为他青春期的秘密。

可是还没等他把信捡起来，一起做卫生的同桌陈俊走了过来，抢先一步捡起那封信。陈俊扫了一眼内容，立马认出这是一封情书。他故作惊讶地问道："哎呀，让我看看，这是什么啊？"

"还给我！"孙晓明的脸红了。他伸手想抢回那封信，但已经来不及了。陈俊把信藏到背后，狡黠地笑道："原来你暗恋我们班的那个谁啊？

这可是大新闻啊！"孙晓明非常紧张，他生怕陈俊把这件事告诉其他同学，尤其是被那个女生知道。于是，他再次强调："把信还给我！"

然而，陈俊看着孙晓明着急的样子，觉得自己抓住了他的"把柄"，就想趁机索要点好处，于是威胁道："如果你不想全班同学都知道这件事，下次你得帮我做值日！还有，你得送我两个礼物！"

孙晓明不想让自己的秘密暴露，可又不愿意接受这种威胁。但是听到陈俊得意的笑声，他意识到自己暂时没有选择，只能咬着牙答应了。不过，他在心里暗暗发誓，一定要想办法摆脱这个局面。

> 完了，我现在只想钻进书包里……不，钻进地缝里！

在成长的道路上，每个男孩心中或许都藏着一些不为人知的"秘密"。它们可能是童年的尴尬经历、青春期的叛逆行为、过去的错误、难以启齿的弱点，或是某种特殊的情感等。总之，是男孩不想让别人知道的事情，因为他们害怕这些秘密被揭露后，会损害自己的形象、尊严或人际关系。

这些秘密一旦被居心不良的人掌握，很可能会被当作把柄。一旦被人抓住"把柄"，男孩就像被戴上了隐形的锁链，要么忍气吞声满足别人的敲诈、威胁，要么"破罐子破摔"，伤害自己的尊严和自信心。"把柄"就是这样，它可能会成为伤害"主人"的武器，折磨着他们的内心，影响他们的行为和人际关系。

如果你也像孙晓明一样，被人抓住把柄，应该如何机智地化解呢？

❶ 保持冷静，尝试沟通

当你被抓住把柄时，最重要的是保持冷静。你需要认识到，被抓住"把柄"不是世界末日的来临。尽管这件事可能会带来暂时的尴尬和困扰，但它不能否定你的个人价值。不要过分沉溺于自责或紧张等消极情绪中，而要振作起来，积极寻找解决问题的方法。

你要分析对方的动机和目的。如果对方只是出于恶作剧或炫耀的心态，没有真正的恶意，可以尝试以轻松幽默的方式回应，或者用真诚沟通、解释的方式来化解。如果对方是出于恶意或企图利用这个把柄来伤害你，那么你就需要更加谨慎地处理。

2 反向"自爆"，摆脱威胁

一个人，即使再小心谨慎，有时也难以完全避免"把柄"的产生。"把柄"被人抓住，很多男孩的第一反应是惊慌失措，希望把事情"捂住"。殊不知，对方可能正是利用了他们的这种心理，才会提出各种不合理的要求。

你可以反向操作，如果你自己不把"把柄"当回事儿，别人就无法再威胁自己。秘密被人知晓后，你应该调整心态，不要把这件事看得那么严重，就当是"天提前亮了"而已。有了这种心态，你就相当于没了"软肋"。自己并不在乎的秘密，对方知道了又如何呢？

③ 寻求外部的支持和帮助

被人用"把柄"威胁的时候，你还可以寻求外部的支持和帮助。可以寻求家长、老师或其他可信赖的成年人的帮助，让他们提供支持和建议。同时，也可以考虑通过法律途径维护自己的权益。特别是当对方的行为涉及侵犯隐私、诽谤或威胁等违法行为时，可以选择报警或寻求法律援助。

陌生人面前，
多一点心眼，
少一点危险

外出学习、社交的时候，男孩难免遇到各种各样的陌生人。所以，你要学会与陌生人打交道，同时要提高警惕，多留些"心机"，以免被不怀好意的人欺骗伤害。

父母信息和家庭情况，
不要随便对人说

　　10岁的小齐开朗大方，跟谁都能谈得来。一天放学后，他像往常一样独自乘坐公交车回家。半路上，一个看上去和蔼可亲的中年男人上了车，坐到了小齐旁边。看到小齐独自乘车，那人主动和小齐聊起来。他用温和的语气打听小齐的学校和学习情况，外向的小齐没觉得有什么不妥，跟他聊了起来。

　　聊天中，小齐无意中提到，父母因为工作忙，经常不在家，平日里放学后都是自己一个人回家。听到这里，那个中年男人似乎对小齐的兴趣更浓了，微笑着问他："你一个人回家不害怕吗？你家住在哪里啊？"

　　听到中年男人询问自己这些敏感信息，单纯的小齐仍然没有意识到危险。他骄傲地告诉那人，自己住在市中心的一个高档小区，楼下还有一个很大的游乐场，自己每天都会下来玩一会儿。这位陌生人显得更加热心，继续追问："那个小区叫什么名字呀？你家住几楼？看来你真是个懂事的孩子，一个人也能照顾好自己。"

陌生人一步步地套取小齐家的信息，而小齐始终没有觉察到对方的意图。幸运的是，一个邻居阿姨此时刚好上车，看到小齐在跟陌生男人聊天，立刻警觉起来。那人看到邻居阿姨用警惕的目光盯着自己，悻悻然地闭上嘴，下一站就赶紧下车了。

这人好像在套取小齐家信息，很可能不怀好意，我得赶紧带小齐下车。

邻居阿姨问了小齐两人聊天的内容，知道对方"不怀好意"，告诫小齐以后少跟陌生人说话，并把小明"护送"回了家。

后来，邻居阿姨又把这件事告诉了小齐的父母。父母耐心地跟小齐解释了这件事情的严重性。小齐一阵后怕，他明白虽然这次自己侥幸没有受到直接伤害，但以后和陌生人交流时一定要保持警惕，尤其是不能轻易透露自己的家庭信息。

处在信息时代，信息安全和隐私保护是我们不得不重视的问题。然而，令人担忧的是，许多男孩缺乏"保密"意识，对于陌生人的警惕性不强，经常会把一些不该说的信息告诉别人，因而给自己和家庭带来潜在的风险。

男孩天性活泼开朗，喜欢与人分享自己的生活和经历，却缺乏必要的安全知识。他们往往不知道哪些该说，哪些不该说，也不太善于"隐瞒"或者说一些"善意的谎言"。他们的话匣子一旦打开，诸如家庭住址、电话号码、父母工作单位等隐私信息，很容易被他们在不经意的"闲谈"中泄露出去。如果得知这些信息的人心怀叵测，他们就会用这些信息来做一些不法之事。

因此，家长和学校应该共同努力，加强男孩的安全教育，提高他们的警惕性。要让孩子明白，保护个人隐私和家庭安全是他们的责任，不能轻易地将重要信息透露给陌生人。

男孩，你要学习一些保护隐私的策略，这样你就不会像小齐那样，跟陌生人交谈时，像竹筒倒豆子一样，把隐私信息都告诉对方。

1 增强安全意识

你要增强自我保护意识。在日常生活中，要时刻保持警惕，不轻易相信陌生人，不随意回应陌生人的询问。当遇到有人问及家庭情况时，你要懂得委婉拒绝或转移话题，不要为了满足对方的好奇心而轻易泄露秘密。

家长应该教育孩子识别哪些信息是敏感的，如家庭地址、是否独自在家、父母的工作和财务情况等。这些信息都不应向陌生人透露。

② 学会与陌生人交流的技巧

与陌生人交谈前，你要先把准备说的话在大脑中过一遍，判断一下有没有敏感信息。聊天内容尽量避免涉及个人生活细节，可以谈论一般性话题，如天气、书籍或学校活动等。如果陌生人询问一些敏感信息，你要懂得婉拒，比如说"这个问题我不能告诉你"，或"我需要先问问爸爸妈妈"。

家长也可以模拟一些场景，使用故事讲述或角色扮演的方式，让孩子在不同的社交场景中学习如何安全地与人交流。

③ 设定明确的行为规范

家长在男孩独自外出时，要提前跟他们一起制定明确的行为规范。在与朋友、同学交流时，要学会把握分寸，不随意谈论家庭情况；不与陌生人分享过多个人信息，不接受陌生人的礼物，不向陌生人透露父母的行踪，等等。同时，也要教育男孩尊重他人隐私，不主动探听或传播他人的私人信息。如果在跟陌生人的交谈中感到不舒服或不安全，要立即向信任的成年人寻求帮助。

独自在家时，不用理会敲门的陌生人

12岁的小雨放学后正独自在家写作业。此时，门铃响了。小雨立刻放下笔，走到门边。他没有第一时间开门，而是透过猫眼向外观看。

透过猫眼，小雨看到门外站着一个陌生的中年男子。那人穿着一件普通的夹克，手里提着一个工具箱。他敲了几下门，然后开口说道："我是电力局的，来检查你们家的电路情况，麻烦开一下门吧。"

小雨正要开门，突然记起父母的告诫："在家里没有大人的时候，绝对不能随便给陌生人开门，无论对方说得多么合情合理。"他又想起新闻里常常报道的那些骗局，心头一紧，知道此刻不能大意。

"叔叔，我爸爸妈妈不在家。"小雨隔着门说道，虽然有点儿紧张，但还是努力让自己的声音显得平静。对方听到这话，立刻说道："没关系，我就是来看看电路，检查一下，很快的，你不用担心。"

虽然对方看起来态度友好，但小雨很坚决地拒绝开门，对着门外说道："我已经通知我爸爸了，他很快就回来，您可以等他回来再检查。"说完这句话后，小雨没有再给对方说话的机会，迅速退回到房间里，给爸爸打起了电话。爸爸在电话里告诉小雨把门反锁好，他会让保安叔叔过去看一下。

门外的男子停留了一会儿，似乎意识到小雨不会让他进门了，于是嘟囔几句后，匆匆离开了。小雨站在门后，心里还在怦怦直跳，但他知道，自己做出了正确的决定。直到保安叔叔隔着门告诉他，那人已经离开小区了，让他把门关好，等爸爸妈妈回来再开，小雨才放下心来。

晚上爸爸妈妈回家后，连连夸赞小雨机智和冷静，并再次提醒他，无论对方的话如何打动人心，都不能对陌生人掉以轻心。这次经历让小雨更加明白了保护自己的重要性，也让他懂得了面对陌生人时要保持冷静与警觉。

家本是男孩避风的港湾，是男孩放松身心、享受宁静的成长空间。如果这个私密的空间被心怀不轨的不速之客闯进来，就可能给男孩带来意想不到的危险。当今社会，很多家长忙于工作，没有时间一直陪伴孩子，因此有时候孩子不得不独自在家中生活、学习。这时候，独处孩子的安全问题就尤为重要。男孩，你需要记住一条原则：独自在家时，不要给陌生人开门。

当你独自在家时，听到门铃声或是敲门声时，首先应该保持冷静，不要急于开门。可以通过猫眼、门窗缝隙等观察对方。如果是不认识的人，无论对方以什么理由要求开门，你都要坚决拒绝。不理会敲门的陌生人，不给陌生人开门，不是冷漠无情，而是对自己和家人安全负责的表现。拒绝的时候，可以建议他们在大人在家时再来，或者留下联系方式等大人回来再联系。

当你独自在家，有陌生人敲门时，一定要保持警惕，最好不要理会。如果像小雨一样，不小心透露了独自在家的情况，也要及时联系家长或者其他可以求助的人，比如物业保安、警察等，从而震慑想做坏事的人。

当你独自在家时，可以采取以下策略防范未知的风险。

① 增强自我保护意识

家虽然是温暖的避风港，但也不是绝对安全的。独自在家时，你应该保持警惕，不回应陌生人的敲门声，不给陌生人开门，这是保护自身安全的基本原则。你需要明确，无论是谁敲门，只要是不认识的，都不能轻易开门。

② 提高防范能力

你和家人都要提高防范能力。比如，家里可以安装智能门锁，设置监控摄像头，对家门口和室内重要区域进行实时监控，以及安装报警系统等。你可以和家长约定一个"暗号"，防范陌生人冒充家长的朋友或亲戚。如果对方是陌生人或无法确认身份，则坚决不开门。

你还可以学习一些基本的自卫技能和防身知识。遇到紧急情况时，可以迅速拨打报警电话求助；了解并熟悉家中的安全出口和逃生路线，以便在危险来临时能够迅速撤离。

③ 与家长保持联系

你独自在家时，应该与家长保持密切的联系。比如，通过电话或网络，随时向家长报告自己的情况，遇到问题时也可以及时寻求家长的帮助。家长也应该主动与孩子进行沟通，了解他们的实时情况。如果孩子遇到安全问题，家长可以及时为孩子提供支持和指导，或者帮助他们寻求外界支援，如向物业、消防、警察求助等。

指路没有问题，带路还是算了吧

11 岁的小顾在放学回家的路上，被一位女士拦住了。她焦急地问道："小朋友，请问你知道附近的图书馆怎么走吗？"小顾停下脚步，看着问路的女士。她穿着整洁，面带微笑，看上去十分和善。

小顾友好地指了指图书馆的方向，耐心地向那位女士说："往前走两个街口，然后左转，大概五分钟就到了。"女士听了却显得有些犹豫："嗯，你说的我有点儿不太明白，你能不能带我走一段路？我怕自己迷路。"

听到对方这样说，小顾心里敲响了警钟。他回想起父母叮嘱过自己的话："给别人指路是可以的，但绝对不能单独和陌生人同行。"虽然问路的女士看上去没有恶意，但他不敢冒险。

　　于是，小顾礼貌地微笑着说："不好意思，我不能带您去，因为我爸爸妈妈在等我回家。不过，您可以问一下附近的商店老板，他们也会告诉您怎么走的。"

　　那位女士的笑容有一瞬间的僵硬，但很快恢复了正常："哦，好吧，那谢谢你了。"女士说完，转身向另一个方向走去。

　　小顾目送她离开，暗自松了一口气。通过这次经历，小顾更加深刻地理解了父母的教诲：保持善良的同时，也要懂得保护自己，尤其是面对陌生人的时候。

在生活中，你时常会遇到别人问路的情况。对于自己熟悉的地方，给人指路是一种简单而直接的帮助方式。你传递的不仅是方向信息，更是一种热情和关爱。通过举手之劳，让别人迅速找到目的地，增进人与人之间的信任和友好关系，何乐而不为呢？

但是，如果陌生人向你提出带路请求，你还要"帮人帮到底"吗？这时候，你就需要谨慎对待了，因为其中可能隐藏着未知的风险。毕竟，你不了解对方的真实身份和意图，也无法预知带路过程中会遇到什么状况。因此，指路没有问题，但给陌生人带路还是算了吧。

不给陌生人带路，并不意味着你缺乏同情心和乐于助人的精神。相反，这是一种理智和负责任的表现。你可以通过其他方式帮助陌生人，比如提供详细的路线描述、建议他们使用导航软件，或者指引他们到附近的公共交通站点等。这些方式既能满足陌生人的需求，又能确保你的个人安全。遇到可疑情况时，你要及时寻求周围人的帮助，或报警求助。

日常生活中，你难免会像小顾一样，遇到陌生人问路的情况。当对方请求你带路时，应该如何妥善应对呢？

1 保持警惕，冷静分析

当陌生人向你提出带路请求时，你首先要保持警惕，不轻易相信陌生人的话，随意跟他们走。陌生人可能以各种借口接近你，如请求帮助、

寻找丢失的宠物或询问路线等。此时你一定要冷静分析对方的言行举止，

观察他们是否有可疑之处。如果对方显得焦急、紧张或言辞不清，或者

提出的目的地模糊不清，以及试图获取个人信息或引诱离开，就应加倍

小心。

② 坚决拒绝，礼貌解释

如果你对陌生人的请求感到不安或怀疑，最直接的回应就是拒绝并迅速离开。你可以礼貌但坚定地告诉对方："对不起，我不认识那个地方，无法帮你带路。"或者说："我现在有急事，不能陪你去。"此时你可以寻求周围人的帮助。比如，你可以询问附近的商店、保安或路人是否知道该地方，请他们帮忙验证陌生人的信息。此外，你也可以建议陌生人拨打当地的咨询热线，或求助警察。

③ 及时报警

有人问路时，如果对方纠缠不休或表现出威胁性的行为，感觉自己的安全受到威胁，你应该大声呼救或寻求周围人的帮助。条件允许的情况下，你可以打电话报警，向警方提供陌生人的特征、行为，以及自己所处的位置等信息，以便警方迅速采取行动。

被坏人跟踪尾随，
要如何自保

一天，上六年级的林语溪走在放学路上，他的身后，跟着一个鬼鬼祟祟的人。

随着离家越来越近，路上的人也越来越少，此时林语溪发现了那个正在尾随自己的人，心里顿时紧张起来。随后，林语溪发现了一件更让他感到恐惧的事情——在那个尾随自己的人身后，还跟着一辆小客车，尾随者还跟那辆车上的司机打了声招呼！

由于平日里林语溪在学校接受了许多安全方面的教育，他马上意识到："这是典型的人贩子在准备作案！"他顿时慌乱起来，想要立刻飞奔回家。不过，他马上就想到："我跑得再快，能跑过汽车吗？"

当林语溪开始冷静下来思考后，他很快就想到了对策。他朝着一个警民联防执勤点走去，身后的尾随者发现自己行踪败露，而且附近就有警察，赶忙消失在人潮中，那辆车也不见了……

在日常生活中，尽管我们希望每一刻都是平安无事的，但是天有不测风云，危险可能会在不经意间降临。当你独自外出时，被坏人跟踪尾随就是一种可能发生的、具有潜在危险的情况。坏人在做坏事之前，往往会先"踩点"，或者通过跟踪尾随的方式做"准备"，一旦发现作恶的机会，他们也许就会出手，让你处于巨大的危险之中。

被陌生人跟踪尾随，只要你保持警惕，一般是可以察觉的。面对这种情况，你要保持冷静，因为恐慌只会让自己更加危险。同时，你要发挥聪明才智，采取有效行动，才能最大限度地保护自己，安全地脱离危险。

社会中的弱势群体，尤其是独自出行的男孩，如果像林语溪一样发现自己被坏人尾随，要如何进行自我保护呢？

① 保持冷静，利用环境优势

当你遇到被人尾随的情况，保持冷静是至关重要的。恐慌只会让你变得思维迟钝，无法做出明智的决策。当你察觉到被尾随时，要深呼吸，尽量平复内心恐惧，让自己保持清醒和警觉。

你要迅速观察周围的环境，利用环境优势摆脱危险。尽量寻找人多的地方，比如商场、超市、餐厅或是公交站，这些地方通常有更多的目击者和潜在的帮助者。避免走偏僻的小路或暗巷，因为这些地方更容易让尾随者有机可乘。

② 观察对方，寻求帮助

你可以尝试改变行走路线或速度，以观察尾随者的反应。如果对方继续紧跟不舍，那么你可以更加确信自己正被尾随。此时，不要犹豫，要立即向路人、店员或警察等人寻求帮助。如果条件允许，你可以使用手机等通信工具与家人或朋友保持联系，或者直接报警，告诉他们自己的位置和遭遇，请求他们提供必要的支持。

③ 避免冲突，尽快报警

摆脱尾随者的过程中，你要尽量避免跟对方产生直接冲突。不要冲动地与尾随者争斗，这可能会激怒他们，使自己陷入更危险的境地。更好的做法是，利用人群、地形或交通工具来掩护自己，尽快与尾随者拉开距离。

一旦成功摆脱尾随者，也不要麻痹大意，觉得从此以后就高枕无忧了，而是要立即报警，并向警方提供尾随者的详细特征，以便警方能够迅速展开调查，解决隐患；要及时告诉父母，这样他们才能够加强防范，保护你。

不随便帮陌生人
"看管"行李、物品

暑假到了，在外地高中读书的刘晓宇准备乘坐高铁回老家。

因为害怕错过高铁，所以刘晓宇提前来到了高铁站。当时高铁站人不多，刘晓宇坐在休息区玩手机解闷。

此时，一个看起来年龄不大的女子走到刘晓宇跟前，说："你好，我想上个卫生间，但是行李太多，很不方便，你可以帮我保管一下吗？"

刘晓宇心想："反正离发车时间还有半个多小时，帮她一下也无所谓。"于是，他点点头，表示同意。

起初，刘晓宇并不觉得这件事情有什么不妥，但是，随着发车时间的一点点临近，他有些慌了——那个女的怎么还不回来拿行李！

眼看离检票截止时间还剩下五分钟的时候，那位女士还没有出现。刘晓宇无奈之下，只好带着行李去找附近车站的乘警，让他们帮忙保管。好在此时，那位女士出现了。

得知了事情的来龙去脉之后，乘警对刘晓宇说："青少年出门在外，做事情要小心一点，替人保管行李，看起来是小事一桩，其实有很多风险。第一，如果你同意帮人保管，那么就要承担责任，行李丢了你要负责；第二，你不知道别人让你保管的是什么东西，万一是危险物品，或者是其他涉及犯罪的物品，你自己也会受到牵连！"

刘晓宇点点头，说："我懂了！"

在繁忙的车站、机场或是人来人往的街头，我们时常会遇到各种各样的求助。其中，有一个看似简单却潜藏风险的请求——帮陌生人看管行李。面对这样的请求，你应当谨慎对待，学会拒绝，因为这不仅关乎个人安全，也涉及法律责任和道德风险。

你帮陌生人看管行李，可能会让自己处于未知的风险之中，因为你不知道对方的行李中有什么。如果藏有违禁品、危险品或者不法分子用于犯罪的工具，那么很可能危及自身安全，或者被误认为是坏人的同伙，给自己带来不必要的麻烦和法律纠纷。如果别人行李中的合法物品丢失或损坏，作为看管者，你也可能需要承担相应的责任。

你遇到陌生人请求帮忙看管行李时，应该保持警惕，而不是盲目地对陌生人施以援手。那么，遇到陌生人请求看管行李时，你应该如何妥善应对呢？

① 明确拒绝

当陌生人提出帮他看管行李的请求时，你应该明确拒绝，不要因为不好意思或担心得罪人而勉强答应。你可以礼貌地解释自己的顾虑和担忧，说明自己无法承担这样的责任。比如说，"对不起，我还有事，帮不了您"，或者"我马上要上车了，您问问工作人员吧"。你也可以建议对方寻找专业的行李寄存服务，或向在场的工作人员求助。

② 保持距离

当陌生人提出看管行李的请求时，你首先要保持警惕，不要轻易相信对方的言辞。同时，观察对方的眼神、表情和动作，礼貌地询问行李中主要是什么，来判断其请求的真实性和合理性。

如果对方确实需要帮助，可以在保持一定距离的情况下帮助对方，最好在安全的环境中进行，比如人多或者有摄像头的地方。但绝不要直接接手看管行李，以免卷入不必要的麻烦。

3 及时报警

拒绝时，你要坚守原则，不要被他人言辞所动摇。如果对方继续纠缠或施加压力，你可以寻求周围人的帮助或及时报警，并向警方说明情况。如果因当时环境无法拒绝而被迫看管，你也要确保有充分的证据来证明自己的清白和尽责。

还有一种情况，就是有人直接把行李放在你身边离开。对这种"无主"的行李，你最好马上远离，有条件的话及时告知工作人员或警察，告诉他们"某处有一件无主的行李，请注意"。这样，万一这件行李有问题，你也可以避免遭受"无妄之灾"。

第六章

别被网络操纵大脑，你不知道对面是人是"鬼"

网络陷阱无处不在，男孩年纪小、分辨能力不强，很容易被操纵和欺骗。因此，男孩要尽可能谨慎接触网络，学会如何分辨不良信息、诈骗陷阱以及网络贷陷阱等。

拒绝"网络黄毒"

14岁的小华正在用电脑查找资料，准备完成老师布置的作业。正在他专心浏览网页的时候，一个弹窗广告突然出现在屏幕上。这个广告涉及成人内容，画面露骨，对正处于青春期的男孩来说诱惑力十足。

小华刚开始还有些好奇，但很快，脑海中浮现出学校网络安全课上老师的警告："网络上充斥着许多不良信息，尤其是一些成人内容，会对青少年的身心健康产生严重影响。"老师还特别强调过如何识别和远离这些信息，并建议他们使用安全模式上网。看着眼前的网页，小华意识到，这绝对不是他应该点击浏览的内容。

于是，他毫不犹豫地关闭了弹窗。同时，按照老师教过的方式，打开浏览器的安全设置，屏蔽了这个广告。

晚饭时，小华主动告诉了父母这件事。父母听完后，脸上露出赞赏的神情。他们先是夸奖小华面对诱惑和危险时做出了正确的选择，又和他讨论了如何安全使用互联网。随后，他们一起动手，调整了家庭电脑的安全设置，安装了更多的防护软件，确保以后能更安全、健康地上网。

这次经历也让小华明白了，互联网虽然方便，但也隐藏着许多风险。面对网络世界，保持警惕、正确应对各种诱惑，是保护自己的关键。

在信息爆炸的时代，网络如同一把双刃剑，既为我们带来了便捷与知识，也暗藏着无数诱惑与陷阱。对于正值成长关键期的男孩而言，"网络黄毒"如同一剂慢性毒药，悄无声息地侵蚀着他们的身心健康，影响着他们的价值观与人生观。不管是家长还是男孩，都要提高警惕并坚决抵制。

"网络黄毒"往往利用男孩好奇心强、求知欲旺盛的特点，引诱他们一步步陷入泥潭。这种危害具有隐蔽性、诱惑性和成瘾性。男孩一旦沉迷其中，不仅会导致学习成绩下滑，更可能扭曲性观念，影响正常的人际关系，甚至诱发违法犯罪行为。

男孩，你是祖国的未来和希望，你要像小华一样抵制诱惑，守护心灵的净土。拒绝"网络黄毒"，不仅是对自己负责，更是对家庭、学校和社会的承诺。你上网时，一定要牢记以下原则。

1 使用安全上网软件

我国对"网络黄毒"的打击力度非常大，还经常不定期地进行"净网行动"。法律法规对传播黄色内容的网站和个人惩罚力度也很大，因此总体上，我们的上网环境是安全、健康的。即使有个别漏网之鱼，也不会蹦跶很久。

为了进一步加强防范，你可以请家长在家庭网络中安装过滤软件，对"网络黄毒"进行物理隔绝，以阻挡不适当的内容和潜在的危害。你可以自学或者请家长在电子设备上安装网络防火墙，设置隐私和安全措施，如启用浏览器的安全模式等。这些方式，可以给你创造一个绿色、健康的网络空间。

2 培养自律精神

拒绝"网络黄毒"，还需要你培养自律精神。在充满诱惑的网络世界，自律是你最强大的武器。你要把网络当作学习和交流的平台，而不是满足低级趣味的工具。你要学会筛选信息，主动屏蔽那些不良网站和诱惑性内容。

面临"网络黄毒"的诱惑时，你应该学会控制自己的欲望，不被一时的快感所迷惑，用理智战胜冲动。同时，你要形成健康的上网习惯，学会合理规划上网时间，选择有益的在线活动，避免过度沉迷于网络世界，影响正常的学习和生活。你还可以培养一些健康的兴趣爱好，如阅读、运动、听音乐等，减少对网络的依赖。

③ 积极求助

面对"网络黄毒"的诱惑时，你可能会感到迷茫、无助，甚至陷入自我怀疑。这时，你不要害怕，也不要觉得羞耻，这都是成长路上正常的考验。你要勇敢地敞开心扉，向身边的人寻求帮助。比如，和父母、老师、朋友说说自己的感受和困惑，请他们给予指导和支持。

你还可以参加更专业的讲座、培训，了解"网络黄毒"的危害，学习保护自己。在必要的时候，你可以寻求心理咨询师的帮助，通过专业的辅导，更好地处理自己的情感和心理问题。

对你好的"小姐姐"，
大概另有所图

在上高一的小宇晚上睡觉前闲来无事，打开了微信的"摇一摇"功能。没摇几下，他就匹配到了一位"漂亮的小姐姐"。经过交谈，小宇得知这位长相姣好、声音也甜美可人的女孩是一位网络主持人。初次接触，小姐姐谈吐优雅，对小宇友好热情，小宇的心中不禁荡起了涟漪。

没过几天，小宇和小姐姐就已经无话不谈。小姐姐不时给小宇发一些精心修饰过的照片，或是温柔甜美的语音信息，体贴入微地关心着小宇的学习和生活。小姐姐甚至主动表达了她的"爱意"，声称自己对小宇有了特别的感情。

这从天而降的"爱情"，让小宇幸福地昏了头，他觉得自己终于遇到了"对的人"。然而，没过多久，小姐姐就开始提出一些请求。比如说自己在直播时设备出了问题，急需更换新的设备，但资金周转不过来，希望小宇能给她转点钱解决一下。小宇没有多想，想着既然"女朋友"遇到了困难，自己帮忙也是应该的。于是，他慷慨地转了几百块钱过去。

然而，类似的请求接二连三地出现。小姐姐时而说自己生活拮据，时而又声称遇到了其他特殊情况。小宇虽然有些疑惑，但"爱情"让他一次次选择了相信，于是他不断地转账。

直到某天，小宇无意间在网上看到关于"网络诈骗"的新闻，里面提到有不少不法分子利用社交平台，以爱情的名义，骗取他人钱财。这个报道像一桶冷水泼醒了小宇。他回想起这段时间的经历，意识到自己可能遭遇了类似的骗局。小宇明白过来，那个一直对他"关心备至"的"小姐姐"，或许并不像她表现的那样真诚。

随着互联网的飞速发展，网络已成为我们生活中不可或缺的一部分。然而，虚拟的网络世界也为不法分子提供了可乘之机，网络感情骗局便是其中之一。青春期的男孩思想单纯，感情懵懂，往往成为这些骗局的受害者。这种骗局以虚假的人设和感情为诱饵，骗取男孩的感情和钱财，不仅给男孩带来经济上的损失，更会给他们带来心理上的伤害。

男孩，你要提高警惕，不要轻易相信天上会掉下"理想型的女友"。一旦这种"好事"出现，很可能是一个圈套，因为不法分子的常用手段就是在社交平台上伪装成你理想中的女孩，通过虚假人设，比如美美的照片、甜言蜜语等博取你的信任和好感。

网络是虚拟的，对面的"小姐姐"不仅可能在琢磨如何掏空你的钱包，甚至可能根本不是小姐姐，而是粗鄙的大汉。如果男孩不够警惕，一旦陷入骗局——"坠入爱河"，骗子就会编造各种理由，向你索要钱财或礼物。你遭遇这种骗局，往往会遭受经济损失和情感伤害，还可能对你未来的感情生活造成阴影。

那么，你怎么才能避免像小宇一样遭遇网恋陷阱呢？

❶ 保持警惕，不轻信网络上的陌生人

你要保持警惕，不要轻易相信网络上的陌生人。网络上的信息往往真假难辨，诈骗分子会利用虚假的身份、照片、音频、视频甚至 AI 技术进行伪装。因此，在与网友交流时，应保持理性思考，投入感情之前，多

方验证对方的真实身份和信息，不要轻信对方的言辞和承诺。比如，可以通过特定场景或时间的视频聊天、语音通话等方式，更直观地了解对方，以减少被骗的风险。

② 保护个人信息，了解网络诈骗手法

你要保护好个人信息和财产安全。不要轻易透露自己的身份证号、银行卡号、住址、电话号码等敏感信息，更不要随意给对方转账或购买礼物。你还要了解一些网恋诈骗的常见手法。比如，诈骗分子可能会编造各种理由，如家庭困难、生病住院等，来博取受害人的同情，或者以投资、理财等名义，引诱受害人参与。因此，对于对方的异常行为或要求，你要及时察觉并做出判断。

③ 及时止损，尽快报警

你应该选择正规的交友平台或应用，尽量避免与不可信的人交往。即使对方是真实的网恋对象，也不要急于投入感情和金钱，要慢慢了解对方。涉及钱财问题时，要谨慎处理，最好通过第三方平台进行交易，并保留好相关证据。

如果发现自己可能陷入网络感情骗局，要立即停止与对方联系，学会及时止损，并立即报警或向相关平台举报。

小心网页、手机应用程序的各种"领奖""红包"弹窗

12岁的王昂平时喜欢在网上看视频、打游戏。一天，他在浏览网页时，突然弹出一个广告，上面写着："限时领取粉丝专属福利红包！"在好奇心的驱使下，王昂点开了链接，随后被邀请加入一个聊天群。

这个群热闹非凡，群主不时发布各种"中奖"信息，群成员也纷纷晒出自己的"奖励截图"，仿佛人人都赚了不少钱。群主特别热情地对王昂说："只要你投入一些钱，就可以参与抽奖，不仅有机会翻倍返还，还能领到红包！"

王昂一开始还有些疑虑，但看到群里其他人都在分享自己"中奖"的喜悦，他心动了。起初他还有点儿警惕，只转了一点儿钱，很快他就收

到了一个小红包。虽然红包数额不大，却让他对群主的话信以为真。随后，群主又告诉他："投入越多，回报越大，你如果多充一点儿，赚到的钱会更多！"

带着不切实际的期待，王昂开始不断向群主转账。然而，当他投入更多的钱后，所谓的"奖励"却迟迟没有兑现。当他问群主时，对方却会以"系统延迟"或"活动流程烦琐"等借口一次次地敷衍他，还鼓励他说："别急，你可以再投点，投入越多，赚得越多！"

当王昂继续追问时，群主的态度开始变得冷淡，甚至不再搭理他，群里的"中奖消息"也越来越少。此时，王昂已经意识到自己上当了。直到那个群悄无声息地解散，他再也无法联系到群主。

王昂感到十分懊悔和沮丧。他鼓起勇气，把这件事告诉了父母。父母没有责备他，反而耐心地跟他讲解了一些网络诈骗的知识。父母告诉他，天上不会掉馅饼，凡是宣称"高额回报"的活动都要警惕。

通过这次教训，王昂明白了，不论是网页上的"红包奖励"还是其他诱人的弹窗，都可能是骗局。

我们在享受网络带来的便利时，也要当心各种骗局。其中，利用"红包"和"中奖"引诱我们上钩的骗局屡见不鲜。红包本来是亲朋好友间传递祝福的一种方式，却被不法分子当成诈骗的工具。他们往往通过社交媒体、聊天软件等渠道，散布虚假红包信息，诱骗用户点击链接、扫描二维码或下载手机应用程序。

"中奖"信息的链接同样蕴含着风险。如果你点击这样的链接，往往会转到某些非法网站上去，或者被对方索要手续费、税费以及个人信息等。"红包"和"中奖"骗局似乎不是高明的手段，却利用了人们的麻痹大意和贪念，一旦中招，个人信息就会泄露，钱财也会遭受损失。因此，你在上网时，要保持清醒头脑，切勿因一时贪念而点击那些来源不明的"红包"和"中奖"链接。

像王昂一样被骗的青少年受害者不在少数，因为孩子更单纯，容易轻信骗子的鬼话。当你上网时，难免会遇到类似的"弹窗"。那么，你该如何应对呢？

1 不要轻信中奖、红包信息

你在上网时应保持理性思考，不要轻信来源不明的信息，不要轻易点击链接或扫描二维码，以免感染病毒或泄露信息。对于红包和中奖信息，这些看似天上掉馅饼的好事，更要提高警惕，越是看上去诱人的内容，越有可能是骗子下的饵。一旦轻信，点击了这些链接，你就上钩了。你可以通过搜索引擎、官方渠道等方式，验证这类信息的真实性。

② 保护好个人信息

你在上网时不要随意泄露个人信息。个人信息包括姓名、身份证号、电话号码、住址、银行账户等。这些信息一旦泄露，就可能被不法分子利用，给你造成损失或带来麻烦。填写个人资料时，要确保在官方渠道填写，不滥用个人信息。同时，要定期检查个人账号的安全设置，如密码强度、登录验证等，确保账号安全。此外，给设备安装杀毒软件、防火墙等安全工具，可以帮助你监测和拦截恶意软件、病毒、钓鱼网站等。

③ 及时求助

遇到可疑情况时，你应及时向家长、老师或相关部门求助。公安机关等机构有专业的技术和手段，可以帮助你识别骗局，挽回损失。因此，遭遇网络诈骗时，你不要犹豫，及时求助才是明智的选择。

当心掉进网络游戏的陷阱

　　12岁的小刚是一名初中生，他特别喜欢玩电子游戏。每天放学后，他都会抽出时间玩一会儿。小刚一直梦想着能获得更多的游戏货币和稀有道具，因为这可以让他在游戏中更强大。

　　一天，小刚在游戏中收到了一条来自陌生玩家的消息。对方声称能免费提供大量的游戏货币和稀有装备，只需要小刚点击一个链接。"竟然有这样的好事儿！"小刚心头一动，但就在他准备点下去的时候，他想起了老师在网络安全课上反复说过的话。老师告诫他们，要小心那些承诺免费赠送虚拟物品的链接，链接背后往往是钓鱼网站，是骗子的圈套。

　　想到这里，小刚决定按照老师教的步骤先去确认一下。他没有直接点击那个可疑链接，而是打开游戏的官方网站，仔细查看是否有相关的活动公告。然而，他搜索了半天，也没发现游戏公司有免费赠送游戏货币或道具的活动。小刚意识到自己差点儿被骗，如果自己不小心点进去，可能不仅会丢失游戏账户，甚至个人信息也会被盗用。

小刚一边庆幸自己没有上当，一边把这次诈骗经历尝试报告给了游戏的客服，还告诉了游戏中的朋友们，让他们也提高警惕，不要轻易相信陌生玩家发来的链接。

这次经历让小刚更加明白网络安全的重要性。尽管玩游戏充满乐趣，但是网络世界中的陷阱无处不在。他也学会了如何在虚拟世界中保护自己。

如今，很多家长因为忙于工作或其他事务，没有时间陪伴孩子，就会把手机交给孩子让他们自己玩。于是，很多男孩养成了使用手机的习惯。他们喜欢在手机上玩游戏，以此来打发时间。家长或许认为这不过是孩子们娱乐的一种方式，却没有意识到，一些不法分子常常通过网络游戏接近孩子，进而实施诈骗。

这些骗子通常会伪装成普通玩家，利用游戏中的社交平台找到孩子，通过"组队打游戏"或"带你升级"的名义让孩子放松警惕。然后，他们利用男孩对游戏的喜爱和对稀有道具的渴望，抛出"免费送限量皮肤或游戏币"作为诱饵。男孩往往心思单纯，辨别能力有限，很难抗拒这种诱惑。

一旦男孩按照骗子的指示操作，比如透露游戏账户的密码或点击了对方发来的链接，骗子就能控制他们的账号，甚至盗取家长的支付信息，把钱款转走。

对于像小刚一样爱玩游戏的男孩来说，识别网络游戏中的陷阱是必需的技能。

❶ 学会识别虚假信息

男孩，你应提高警惕，学会识别虚假信息。在网络游戏中，我们经常会遇到各种诱人的广告或消息，如"低价出售高级装备""免费送稀有皮肤""带你快速升级"等。这些看似诱人的信息，往往是骗子设下的陷阱。

你要保持头脑清醒，不轻易相信来路不明的信息，不轻易点击别人发来的链接。

② 谨慎交易

你要养成在网上谨慎交易的习惯，比如只在官方平台下载或购买游戏，避免使用第三方链接或未经验证的资源。如果需要跟别人进行游戏装备、账号等交易，在交易前，尽量核实对方的身份和游戏内的信誉。交易时，最好通过官方渠道或信誉良好的第三方平台，避免私下交易，确保交易安全、可靠。

③ 及时举报和求助

你要知道，在网络游戏中进行诈骗是违法行为，要坚决同这种行为做斗争。因此，在游戏中遇到可疑行为或广告时，应及时向游戏运营商或相关部门举报，以维护自己的合法权益，打造健康的游戏环境。同时，在遇到骗局时，你可以提醒他人、分享经验，也可以建立玩家社群或联盟，号召大家共同抵制不法分子的行为，维护游戏的秩序和公平。

不碰网络贷，
青春不欠债

那天，李浩的母亲正在做家务，突然接到一个自称某借贷平台工作人员打来的电话。对方冷冰冰地告诉她："你儿子李浩在我们平台借款未还，本息已经超过三万元。如果不及时还清，我们将通知学校，采取进一步措施。"

李浩母亲的第一反应就是诈骗电话，于是毫不犹豫地挂断了。然而，对方马上又打了过来，不仅准确说出李浩的姓名和学校信息，语气也变得更加强硬，甚至威胁如果再不还款，就去学校找李浩。此时，她开始担心起来。

她立刻找来李浩，严厉地追问他到底是怎么回事。李浩一开始不敢承认，但在母亲的再三追问下，终于说了实话。原来，为了买一部自己心仪已久的新手机，李浩瞒着父母在一个网络借贷平台上借了六千元。他以为自己可以用零花钱还清这笔贷款，但没想到利息如同滚雪球一般越滚越大，最后完全超出了他的承受能力。

"现在利息已经翻了好几倍，我根本还不上了！"李浩低着头，满脸悔恨，向母亲诉说着自己的无助。听完儿子的话，李浩的母亲意识到，这不仅是李浩的错误，更是那些不良借贷平台专门利用年轻人不良消费习惯和缺乏金融常识而设计的骗局。她虽然又急又气，但没有责备李浩，而是决定报警，向警方详细说明情况并求助。

"请问，您需要贷款吗？"很多成年人接到过这类"推销贷款"的电话，大家对网络贷款并不陌生。网络贷款因其便捷性成为许多人在资金短缺时的首选方式。需要钱的时候，手指轻轻一点，似乎就能解决燃眉之急。然而，对于缺乏风险评估和金融知识的男孩来说，这种看似轻松快捷的借贷方式，背后却隐藏着风险和陷阱。

网络贷款的合同中，往往隐藏着复杂且不利于借款的条款。还款的时候，借款人会发现自己需要支付的利息和费用远远超出预期。没有经济能力的男孩如果借了这样的贷款，往往会越陷越深，债务不断累积，直到难以承受还款的压力。于是，他们开始拆东墙补西墙，陷入恶性循环的旋涡，最终将付出沉重的代价。一旦逾期或无法偿还债务，就会损害他们的信用记录。

远离网络贷款，不仅能够守护住个人的财务自由，更是对自己的将来负责的表现。男孩，你要远离网络贷款，不要像李浩一样，陷入还不清债的泥潭。你可以采取以下策略防范网络贷款风险。

① 树立正确的消费观念

你要树立正确的消费观念，不盲目与他人攀比，要认识到每个人的生活条件是不同的。你要学会不爱慕虚荣，不盲目追求名牌和奢侈品，拒绝过度消费和超前消费，培养勤俭节约的生活习惯。总之，你要学会量入为出，根据自身经济条件消费，不超出自己的承受能力。

2 学习金融知识

你应该培养自己的财商，主动学习和了解基本金融知识，包括贷款、利息、信用等，提高对金融活动的辨别能力。你还要增强风险意识，对网络贷款平台的"低息""无抵押""立即放款"等宣传保持高度警惕，认识到这些往往是诱导性宣传，网络贷款的利率和费用可能远远高于宣传所言以及银行的正规贷款费用。

同时，你应该坚决抵制网络贷款的诱惑，认识到网络贷款存在的风险，包括高利贷、隐私泄露、暴力催收等，做好风险防范。你还可以学习一些财务知识，培养自己的资金管理能力，做好预算和储蓄，以备不时之需。

③ 寻求正规渠道帮助

当你遇到经济困难时，对网络贷款平台的诱惑你要保持头脑清醒，不轻易相信陌生人的推销。你应该寻求正规渠道的帮助，如向家人、朋友或银行求助。一般来说，在校学生可以与学校老师、学生管理部门沟通交流，了解学校的资助政策和正规贷款渠道；也可以咨询银行或其他正规金融机构，了解贷款产品和条件，选择适合自己的借款方式。

如果发现自己陷入网络贷款的陷阱或被不法分子威胁，你要保存好证据，如聊天记录、转账记录等，及时向学校报告并寻求公安部门的帮助。

第七章

牢记安全法则，做自己最靠谱的守护者

生命高于一切。不管什么时候，都要多学习安全知识，牢记安全法则，比如如何火灾逃生，如何正确见义勇为，如何规避危险，等等，做自己人身安全的守护者。

把脚管住，
不要故意踩踏井盖

那天傍晚，爸爸和小昊一起散步。每当看到路上的井盖，小昊就会特意跑过去踩几下，有时候还会站在上面蹦一蹦，仿佛井盖是好玩得不得了的玩具。

在小昊的嬉笑和井盖碰撞地面的"哐当"声中，爸爸皱起了眉头，心里有些担忧。他温和而郑重地对小昊说："小昊，踩井盖其实是很危险的。你知道吗？井盖看起来很结实，但有时候它会松动，踩上去的时候可能会翻过来，让你掉下去。"

小昊听了爸爸的话，露出了怀疑的表情。于是，爸爸拿出手机，给他看了一个视频：一个小男孩正欢快地踩着井盖，不料井盖突然翻开，孩子掉了下去，周围的人慌忙施救。小昊瞪大了眼睛盯着手机，被这个视频吓住了。

爸爸摸了摸小昊的头，问他："你现在知道踩井盖危险了吗？"小昊低下了头，轻声说："是啊，太危险了，我以后再也不踩了。"

爸爸欣慰地笑了，继续问道："那以后走路时要怎么做呢？"小昊认真回答："我会小心看路，避开井盖和那些不安全的地方。"

爸爸赞许地点点头："没错，小昊，安全永远是第一位的。你要成为懂得保护自己的小勇士。"

小昊重重地点头，抓紧爸爸的手，继续往前走。此时，小昊的心里已经悄悄种下了一颗安全意识的种子。他明白了踩井盖背后隐藏的巨大危险，学会了在未来的日子里，更加谨慎地迈出每一步。

在大街小巷随处可见、看上去并不起眼的井盖，往往隐藏着看不见的危险。因为年久失修、安装不牢或意外损坏，它们很可能变成"陷阱"。一旦踩中这样的井盖，你轻则皮破血流，重则跌落深井，摔成骨折或掉入污水中，后果不堪设想。

令人担忧的是，不少男孩意识不到其中的风险，有的男孩甚至把井盖当作游戏道具，上去踩一踩、蹦一蹦，乐此不疲。殊不知，看上去稳稳当当的井盖，也许下一秒就会"张嘴咬人"。可以说，每一次对井盖的轻视，都可能是对生命的亵渎。

保护男孩的安全不仅是男孩的"任务"，也是家长、社会共同的责任。大家需要齐心协力，从教育引导到环境改善，为青少年的安全和健康成长保驾护航。

男孩，你自己也要像小昊一样，学习安全知识，提高安全意识，让自己成长的每一步都坚实而稳健。

1 遵守安全规则，远离潜在危险

你在日常生活或者参加活动时，要时刻谨记遵守安全规则，学会识别潜在的危险并远离它们。比如，要严格遵守交通法规，这不仅是对自己生命的尊重，也是对他人安全负责，要做到不闯红灯、不随意横穿马路、不踩踏井盖。这些看似微不足道的细节，关乎生命安全。

同时，对建筑工地、年久失修的建筑物，以及野外水域等高风险区域，你应主动保持距离，避免因好奇或冒险而酿成悲剧。

2 谨慎对待高风险活动

男孩往往精力旺盛，好奇心强，胆子大，天性喜欢冒险，喜欢探索，喜欢参加挑战性活动。这种勇气和探索精神虽然值得肯定，但你一定要绷紧大脑中主管安全的那根弦。

你在参加高风险活动前，要进行充分的风险评估，并寻求专业指导。比如攀岩、潜水这类极限运动，其中的危险不容忽视。参加此类活动时，你应该独立行动，要本着对自我安全负责的态度，在家长、老师及专业安全人员的保护和指导下进行。同时，要做好防护措施，活动前穿戴好合格的防护装备，如头盔、护膝、救生衣等，这样可以降低受伤的风险。

3 加强安全教育，营造安全环境

加强安全教育，营造安全环境，是保障男孩健康成长的重要一环。在青少年的安全保护工作上，学校、家庭以及社会都要参与进来。父母是孩子的第一任老师，要切实负起监护责任。在各种场景中，家长要抓住机会培养孩子的安全意识，增强他们的自我保护能力。同时，家长还需以身作则，做好孩子的榜样，潜移默化地影响孩子，帮助孩子养成良好的安全行为习惯。学校和社会可以通过举办讲座、展览、实践活动等方式，向孩子传授安全知识，增强他们的安全意识。

见义勇为，
最好等长大以后再做

11岁的小聂在校园的角落里偶然目击了一起霸凌事件——一个高年级的男生正在欺负小聂的同学。被欺负的男生被推倒在地，蜷缩着身子，双手抱头，显然无力保护自己。

看到这一幕，向来正义感极强的小聂心里瞬间燃起了怒火，下意识就要冲过去"解救"被霸凌的同学。然而，就在他迈开步子的瞬间，他突然想起了父母和老师的叮嘱，遇到危险应该寻求成年人的帮助，而不是贸然行动。

于是，小聂停下脚步，迅速跑到最近的办公室，找到了一位老师，把自己看到的事情告诉了他。老师听完后，立刻跟着小聂赶到了现场，严厉制止了那个高年级学生的行为，并将其带回办公室教育。小聂的同学也被另一位老师送去了医务室做检查。

事后，学校表扬了小聂，称赞他既勇敢又明智，选择了安全有效的方式帮助同学。这次经历让小聂认识到，英雄不仅在于挺身而出，更在于明智选择和冷静判断，他为自己感到骄傲。

男孩天生具有正义感，他们往往有一些英雄情结，崇拜文学作品或影视剧中的正面人物，崇拜现实生活中的军人、警察、消防员等象征正义和力量的人。他们希望自己成为"超人""大侠"，见义勇为，帮助弱小，主持正义。

见义勇为，在任何文明社会都是一种值得赞扬的美德。然而，对于青少年而言，他们的身体尚未完全发育成熟，经验、技能、专业知识相对有限，此时盲目地见义勇为，很可能因缺乏足够的应对能力而失败，甚至给自身带来危险。因此，男孩在面对突发事件和紧急情况时，见义勇为可能不是最佳选择。

对于内心充满正义感、身体和心理却还在发育中的男孩来说，见义勇为应该体现在做一些力所能及的事情上。比如，看到小偷时，可以暗中提醒他人，或者想办法报警，向警方或者成年人提供信息。还可以通过积极参与一些志愿活动为社会做出贡献，从而体现自己的价值。

当然，这不是说男孩不应该有见义勇为的精神。相反，我们应该鼓励他们培养正义感和责任感，让他们明白见义勇为的重要性。但是，我们更应该引导他们正确认识自己的能力和局限，教会他们在保护自己的前提下，以更安全、更有效的方式帮助他人。

男孩，如果你也像小聂那样，遇到需要见义勇为的情况，如救人或者与坏人做斗争，一定要有自我保护意识，在确保自身安全的前提下进行。

① 保持冷静，不盲目行动

面对紧急状况时，头脑冷静是做出正确决策的关键，也是保护自己和有效帮助他人的前提。过度情绪化容易让人误判形势，徒增风险。因此，当你遇到突发情况时，千万不要因一时冲动而盲目行动，从而将自己置于危险之中，要让自己冷静下来，细致观察周围环境，迅速而准确地评估现场情况。

② 做自己力所能及的事

你应当清楚了解自己的能力范围，只做力所能及的事情，千万不要逞强，或者试图超越自己的能力极限去冒险。可以在确保个人安全的前提下，依据自身的年龄、体力或技能特长，为需要帮助的人提供恰当的支持。例如：你若擅长游泳，可在确保安全的情况下救助落水者；你若善于沟通，则可以通过安抚情绪，引导受害者配合救援行动。你要合理利用个人优势，在不危及自身安全的情况下，向需要帮助的人伸出援手。

③ 寻求成人或专业人士的帮助

当遇到复杂或危险的见义勇为情境时，你要主动寻求成年人或专业人士的帮助，包括拨打紧急电话求助、向周围的人呼救，或是提供必要的物资支持等。成年人往往拥有丰富的经验和更强的处理能力，警察、消防员等专业人士则具备专业的救援知识和技能。借助他们的力量，你可以更有效地保护自己和他人，还能确保救援行动的专业性和安全性。

寻求帮助并非逃避责任，而是智慧地调配资源，以最优方式解决问题。只有先为自己的安全负责，才能更好地帮助别人。

遇到危险，
自己先跑不丢脸

一天晚上，昊霖和小凯结束晚自习后，像往常一样结伴回家。他俩在行人稀少的街道上边走边聊，在途经一条偏僻的小巷时，突然遇到一个男子抢劫。

那个拿着刀子的男子戴着帽子和口罩，只露出一双冰冷的眼睛，恶狠狠地威胁他们："把你们身上的钱都交出来！"小凯当场吓得双腿发软，昊霖也一下子紧张起来。不过昊霖想起老师和父母教给他们的安全常识：在无法正面对抗的情况下，保命是最重要的。

昊霖偷偷瞄了一眼抢劫犯，发现他正紧张地盯着路口外面，似乎是担心有人出现。昊霖趁着他的注意力没在自己身上，拔腿就跑，很快就消失在抢劫犯的视线之中。抢劫犯来不及追赶，继续威胁小凯，让他把身上的钱交出来。

昊霖跑到了不远处的街上，看到一位行人，马上告诉他："有人抢劫！请帮忙报警！"那位行人意识到事情的严重性，立刻掏出手机报警。几分钟后，警察就到了，昊霖带着警察返回事发地点。抢劫犯试图逃跑，但很快被警察抓住了。小凯虽然受了惊吓，但幸好没有受伤。

事后，昊霖被称赞是个小英雄，因为他在危机时刻迅速地逃跑并寻求帮助，不仅保护了自己和小凯，也为警方迅速破案提供了关键线索。这次经历让昊霖深刻认识到，面对突发危险，保全自己、及时报警，才是明智之举。

男孩面对危险时，往往陷入一个认知误区，即把勇敢简单地等同于直面危险、毫不退缩。然而，对于身心尚在成长阶段的他们来说，面对危险时的首要反应——逃跑，并非怯懦的表现，而是理智的选择。在紧急关头，盲目硬碰硬往往带来难以预料的后果。因此，男孩，遇到危险时，如果有机会逃跑，你一定要自己先跑。这不仅是自我保护的本能反应，也是有效减少伤害、确保个人安全的方法。

远离危险不意味着逃避责任或缺乏勇气。相反，它彰显了你对生命的尊重与对安全的高度重视。你选择"逃跑"，等到了安全的地方，再报警或者寻求帮助回来救人，这样才能在保障自身安全的同时，为后续的救援行动创造更有利的条件。这种审时度势的选择，正是冷静、成熟的体现。

遇到危险时，你应该向昊霖学习，首先保持冷静，远离危险，保护好自己，再想办法采取有效的策略去帮助别人。

① 迅速判断，远离危险

你遇到危险时，首先要迅速冷静下来，准确判断危险的性质和严重程度。如果危险直接威胁到你的生命安全，比如火灾、水灾或猛兽出没，就必须立即采取措施远离危险源，比如迅速离开现场、寻找遮蔽物或采取其他避险动作等，确保自己的安全。

② 确保安全，再去帮忙

逃到安全地带后，你要确保自己处于安全位置，不会再被危险波及。这时候，如果你有能力且环境允许，可以考虑如何帮助那些仍处于危险中的人。但要记住，采取行动之前，你必须再次确认自己不会因此陷入险境。

③ 量力而行，稳妥救援

决定出手相助时，你要估量下自己的本事和实际情况，选择合适的帮忙方式。要是缺乏必要的救援技能或装备，千万别硬着头皮上，免得给自己和他人添乱。可以拨打紧急求助电话，或者找专业救援队伍。如果你能够帮得上忙，也应在确保自身安全的前提下，采取稳妥的救助措施，避免因盲目行动带来风险。

成人去的娱乐场所，不是你该去的地方

陈祥今年上七年级，随着年龄的增长，他和同学聊的话题也宽泛起来。有个同学说，自己晚上路过一家酒吧，隐约可以看到里面灯光闪烁，听到劲爆的音乐，仿佛是成年人聚集的神秘乐园。这个话题激起了陈祥和几个同学的好奇心，他们总想着找个机会一探究竟。

一次放学后，他们又谈论起那些成人娱乐场所。一个同学提议一起去酒吧看看，开开眼界："反正我们也长大了，应该没什么问题吧。要不，我们这个周末去看看！"陈祥有些犹豫，因为父母曾经提醒过他，像酒吧这种地方不是未成年人该去的。但同学们兴致很高，他想着去一次应该不会有什么大问题，也不想"不合群"，于是勉强答应了。

那个周末，他们几个人分别悄悄溜出了家门，来到了街头那家闪着霓虹灯的酒吧。推开门时，陈祥心里既紧张又兴奋。昏暗的灯光下，嘈杂的音乐和笑骂声震耳欲聋，浓烈的酒精和香烟的味道混杂在一起，还有一些看上去陌生又凌乱的成年人，整个气氛混乱不堪。

陈祥和同学们进去找了个角落坐下，也不知道该干什么，大家都觉得这种场所似乎不适合他们。此时，一个喝得醉醺醺的人走了过来，差点撞到他们的桌子，还冲着他们大喊大叫。陈祥感觉到自己心跳加速，呼吸急促，其他同学也手足无措。想起父母的忠告，陈祥意识到自己和同学们根本不应该出现在这里。

男孩 你要学会保护自己

酒吧经理注意到他们这群稚嫩的孩子，于是询问他们是不是未成年人，确认后请他们出去："这里可不是你们该待的地方，快回家去！"于是，陈祥和同学们狼狈地逃离了酒吧。

回家的路上，陈祥感到一阵后怕。他深刻体会到，那些成人娱乐场所并不像想象中那么"有趣"，反而混乱且充满危险，完全不适合未成年人。

不同年龄段的人群有不同的生活圈子和娱乐方式。成年人的心理、生理及社会角色相对成熟，所以他们可以选择诸如酒吧、夜店等更具社交互动属性的娱乐场所消费。但适合成年人的场所，并不一定适合未成年人。

未成年男孩通常在学校、家庭等熟悉场所活动，他们的思想也相对单纯，并不适合进入较为成熟的娱乐环境，也不胜任处理复杂的人际关系。他们一旦进入成人去的娱乐场所，很可能"水土不服"，面临很多风险，如接触到不良信息、遭遇安全隐患或受到不健康信息的诱导等。

未成年男孩正处于身心发展的关键时期，应该将更多的时间和精力投入学习和自我提升上。他们的娱乐也应当采取更健康、积极的方式，如参加体育运动、文化艺术活动，以及观看科普展览等。

男孩很容易遇到与陈祥类似的问题。当对娱乐场所产生兴趣的时候，男孩该如何保护自己呢？

1 了解娱乐场所的危害

男孩，你要了解娱乐场所具有的危害。从身体健康角度来看，娱乐场所如夜店、酒吧等，往往环境嘈杂、空气污浊，长时间处于这样的环境中，对你的听力、视力以及呼吸系统都可能造成损害。同时，这些场所往往充斥烟、酒等有害物质，你自制力弱，一旦接触这些，很容易养成不良习惯，给身体健康造成长期危害。

从心理健康角度来看，在娱乐场所中，你可能会接触到一些不良的社会现象，如欺凌、诈骗、赌博、打架斗殴等，这些都会给你的心理造成冲击，甚至可能扭曲你的价值观。

② 养成良好的消费习惯

你要养成良好的消费习惯，不要做超出自己消费能力的事情，不要为"享乐"买单。

娱乐场所往往与高消费紧密相连，并且充斥各种诱惑。这种环境极易诱发你产生盲目攀比、追求奢华的不良心态。现阶段的你自控能力相对较弱，一旦沉迷于这些娱乐项目，又没有收入来源，很容易误入歧途。要么给家庭带来经济压力，要么可能不择手段地获取金钱，从而走上违法犯罪的道路。

③ 家长陪伴，注意安全

如果你非常想满足一下自己的好奇心，可以让父母带着自己去参观、体验一下。切记不要独自去，也不要轻易相信朋友。在娱乐场所活动时，尽量远离那些带有醉意的人，防止惹祸上身。如果在娱乐场所点了饮料，一定不要让饮料离开自己的视线。总之，在娱乐场所，保持警惕，保护好自身安全，是最重要的。当然，最好的做法就是，压根不去娱乐场所。

面对各种小便宜，不贪心就不会受骗

李可是个很爱学习，但家境普通的学生。一天，他在网络上无意间加入一个声称可以提供"免费学习资源及生活小福利"的群，群主承诺会定期分享一些免费获取商品或服务的方法。李可抱着"试试看，反正也不要钱"的想法，加入了那个群。

刚开始，李可半信半疑地按照群里的指导，参与了一些小型促销活动，确实免费获得了几本参考书和几张快餐店的优惠券。这让他对群主的信任度大增，开始在同学间炫耀自己的"小聪明"。

过了一段时间，群主发布了一个看似更加诱人的"福利"——通过某种技术手段，低价甚至免费购买到一款市面上热销但价格不菲的智能手表。李可被这份"大奖"冲昏了头脑，没有多想便按照指示操作，利用一个漏洞完成了购买。

几天后，李可兴奋地收到了智能手表，但随之而来的是一封来自电商平台的警告信，指出他的行为违反了平台规则，涉嫌欺诈，不仅要求退回商品，还对他的账号进行封禁，并保留进一步追究法律责任的权利……

李可这才意识到，自己为了贪图一时便宜，不仅失去了宝贵的信誉，还可能承担法律后果。更重要的是，他在同学们心中的形象一落千丈，失去了许多朋友的信任和尊重。

当今社会，诱惑无处不在，而贪小便宜往往是许多骗局的起点。男孩作为心智成长中的特殊群体，正是骗子的重点"关注"对象。

正所谓"贪小便宜吃大亏"，骗子往往利用人们贪便宜的心理，设下陷阱引诱受害者上钩。当面对看似诱人的"免费"或"优惠"时，你如果盲目"占便宜"，就会忽视背后的风险，从而掉入别人精心设计的陷阱。

如果你能保持清醒的头脑，不轻易被眼前的蝇头小利所迷惑，就能大大降低被骗的风险。不贪小便宜不仅是一种智慧，更是一种品质。你要树立正确的价值观，在物欲横流的社会中，保持一颗平常心，不被物质所迷惑。只有坚守原则、抵御诱惑，你才能在未来的生活中走得更稳、更远。

要想避免重蹈李可的覆辙，你就不能贪小便宜，对可疑的情况要保持警惕，从而避免陷入骗子的圈套。

1 增强防骗意识，培养理性思维

你要应提高对诱惑的警觉性，认识到贪小便宜往往伴随着高风险。面对"免费""优惠"等诱人字眼，切勿冲动行事，而是要考虑其背后是否隐藏着什么不为人知的条件或陷阱。要培养理性思维，学会多维度审视问题，不被表象轻易蒙蔽。

② 设定消费规划，抵制外界诱惑

你需要明确个人的真实需求与目标，制订合理的消费计划与预算，避免过度消费和盲目追求物质享受。面对诱惑时，你要回顾自己的计划，思考该物品你是否真正需要，还是因为贪便宜之心作祟导致的冲动消费。你要学会延迟满足，对于非必需品，可以设定一个等待期，如果在这段时间后你仍然觉得必要，再考虑购买。这样既能锻炼你的自控力，又能避免不必要的浪费，降低被骗风险。

③ 学习防骗知识，提升辨识能力

你可以积极参与学校和社会组织的网络安全、防诈骗教育活动，熟悉常见的诈骗手段和案例。学会识别虚假信息，如查看网站是否安全、核对官方信息、不轻信陌生人等。遇到可疑情况，及时与家人、老师或警方沟通。同时，保护好个人信息，不轻意透露给不熟悉的人或平台。利用科技手段加强防护，如只上正规网站，在电子设备上安装防骗软件等，为网络生活罩上"防护盾"。

第八章

欢迎来到青春期，这是每个男孩的必修课

青春期是男孩成长发育的关键时期，生理、心理会发生很大变化，男孩要学会了解、接受和正视这些变化，不焦虑，不急躁，只有这样，才能保证身体和心理的健康。

身体发育不可耻，
不要随意拔鼻毛和胡子

小杰13岁，生活在一个普通的小镇上。随着年龄的增长，他发现自己的发育水平要比同龄人"快"一些——声音变得低沉，肌肉逐渐显现，这是好的变化。但也有不好的变化——鼻毛和胡子开始悄悄地生长出来。

一天早晨，小杰在镜子前整理个人形象时，突然发现自己的鼻孔边缘探出几根显眼的鼻毛，下巴上也冒出细软的胡须。这些突如其来的变化让他感到既惊讶又害羞，担心同学会因此嘲笑他，觉得他"长大了"或是"不一样"。

为了避免成为同学们议论的焦点，小杰决定采取"行动"。他偷偷地从家里找来了爸爸的剃须刀，开始尝试自己拔除鼻毛和刮胡子。由于缺乏经验，这个过程既痛苦又笨拙，但他还是坚持了下来，认为这样就能让自己看起来更"正常"。

然而，好景不长。一次体育课后，汗水让小杰脸上的皮肤变得敏感，他匆忙之中用手一抹，不小心扯到刚刮过的地方，顿时感到一阵刺痛，脸上还留下了几道明显的红印。同学们见状，纷纷投来好奇或戏谑的目光，让小杰更加难堪……

男孩进入青春期后，随着荷尔蒙水平的变化，身体会出现一系列显著的发育特征，其中就包括鼻毛和胡子的生长。这是男性第二性征的正常体现，也是男孩身体发育成长的象征。它标志着一个男性从孩童向成年人的过渡，这一过程不需要遮掩或感到羞耻。然而，有些男孩对此认识不足，他们可能会因为对自身变化的不适应或外界的审美压力，选择随意拔除鼻毛和胡子。其实，这是没有必要的，也是不正确的。

男孩，当你面对身体发育时，你应保持坦然和自信的态度，认识到每个人都是独一无二的，都有自己的成长节奏和个体特征。要学会欣赏和接纳自己身体的变化，采取正确的方式处理这些身体特征，培养你的自我照顾能力和审美情趣。这也是你从稚嫩迈向成熟，成长为真正的男子汉的必经之路。

当你进入青春期，像小杰一样开始长出鼻毛和胡须时，一定不能跟他一样，随意拔除，因为鼻毛和胡须有着它们不可替代的作用。

❶ 它们与健康息息相关

鼻毛和胡须对人体来说不是可有可无的，它们承担着重要的生理功能。鼻毛位于鼻腔前端，可以阻挡 10 微米以上的颗粒物。如果没有鼻毛，空气中的灰尘、细菌等有害物质，就会长驱直入，攻击你的身体。另外，鼻毛还能保持鼻腔湿润，维持鼻腔的正常功能。如果随意拔除鼻毛，就相当于"引狼入室"，把细菌等有害物质放进来，还可能损伤鼻腔黏膜，引发感染或炎症。拔胡须也容易造成毛囊受损，引发毛囊炎，或者留下疤痕，影响胡须的正常生长。

② 它们是个人魅力的一部分

从美学角度看，鼻毛和胡须作为男性面部特征的重要组成部分，为男性增添了几分粗犷与成熟的魅力。就个人形象而言，如果一个成熟的男性没有胡须，过于白净，就会缺乏阳刚之气，可能给人一种"娘娘腔"的感觉。

如果鼻毛过长影响美观或呼吸，可以选择适当修剪而非拔除；对于胡须，则可以根据个人喜好和脸型进行修剪或保留，展现独特的男性魅力。随意拔除胡须，可能会导致毛孔粗大、皮肤凹凸不平，让人"变丑"。学会正确打理这些毛发，而非简单、粗暴地拔除，是男孩成长为成熟男性的重要一课。

3 它们是男孩接纳自己的标志

从心理上看，随意拔鼻毛和胡须可能反映出你对于自身变化的不安与排斥。青春期是一个人身心快速发展的阶段，你应该学会接纳自己的成长与变化，包括那些看似"不完美"的变化。随意拔除鼻毛和胡须，往往源于对自我形象的不满或对外界审美的迎合。这种行为不仅无法从根本上解决问题，还可能加剧你内心的焦虑与不安。相反，学会欣赏自己的独特之处，勇于展现真实的自我，才是你应有的积极、自信的心态。

认识并照顾好自己的
"隐秘地带"

一天半夜，熟睡中的赵伟突然感到下体传来一阵剧烈的疼痛。这场疼痛来得非常猛，赵伟尝试着翻身缓解，但无论他怎样调整姿势，都无济于事。他甚至疼得面容和身体都扭曲起来。

赵伟意识到自己可能是生病了，于是赶紧叫醒父母。他知道事态紧急，因此虽然觉得难以启齿，但也没有向父母隐瞒。父母看到他的样子，没敢耽搁，立刻带着他前往最近的医院。

到了医院后，赵伟清楚地告诉医生："左侧睾丸疼得厉害，而且连着腹股沟也很疼。"医生听后立刻意识到问题的严重性，马上为赵伟安排了紧急检查。

检查结果显示，赵伟患上了睾丸扭转症。由于扭转时间较长，左侧睾丸的血流信号完全消失。这种情况非常危险，如果不立即治疗，可能会导致睾丸永久性损伤或坏死。医生在确诊后，立刻安排手术，为赵伟进行复位和固定。

手术进行得很顺利，医生成功恢复了赵伟左侧睾丸的血流，避免了更严重的后果。赵伟也终于摆脱了那种剧烈的疼痛。医生告诉他，幸亏治疗及时，否则后果不堪设想。

随着男孩年龄增长，身体开始发育，他们迎来了新的考验和挑战。男孩生殖器官的发育和性征的显现，让他们好奇又困扰，此时他们需要承担起一项重要的任务，那就是认识并照顾好自己的"隐秘地带"。认识自己的"隐秘地带"是男孩成长过程的一部分，也是他们建立自我认知和自尊心的重要环节。

有的男孩发现自己的"隐秘部位"出现问题时，可能因害羞而不愿告诉父母或老师，就容易耽误治疗，甚至把小毛病拖成大毛病，导致更严重的后果。只有正视并理解自己的生理需求和"隐秘地带"，男孩才能更好地照顾和保护自己。

男孩，当你遇到"隐秘地带"问题时，一定不要因为害羞而隐瞒，要及时告诉父母或老师，或者向医生求助，以免耽误治疗，给自己造成难以挽回的伤害。

1 注意个人卫生

你要注意保持个人卫生。比如，定期清洗阴茎和阴囊等私密部位，特别是包皮内部，预防尿路感染和龟头炎。洗澡时使用温水，避免使用刺激性强的肥皂或沐浴露。要保持生殖器干燥，定期修剪阴毛，减少细菌滋生的机会。这些措施有助于防止"隐秘地带"感染并保持局部卫生。

尽量让下体处在通风透气的环境里，选择宽松透气的内裤和外裤，定期更换内裤。这样不仅可以提高舒适度，还能减少细菌滋生。同时，避免长时间穿着紧身裤或牛仔裤，防止对私密部位造成压迫和摩擦。

② 养成良好的生活习惯

你要养成良好的生活和饮食习惯，不吸烟，不喝酒，因为烟草和酒精对生殖器健康都有负面影响。你还要养成良好的作息习惯，保证充足的睡眠，避免长时间久坐，适当进行体育锻炼，如散步、游泳或骑自行车等，以改善血液循环。这些措施可以提高你的身体免疫力，提升你的生活质量。

饮食上，要注意营养均衡，多吃蔬菜、水果和谷物食品。这些食物富含维生素和矿物质，有助于提升人体免疫力。比如多吃含有维生素 C 的食物，如胡萝卜、青菜、苹果、橙子等，有助于抵抗细菌，抵御炎症。也要多吃优质高蛋白食物，如新鲜鱼虾、蛋奶等，有助于维持生殖系统的正常功能。还可以适当吃一些中药材，比如具有滋补肝肾、益精明目功效的枸杞子。要减少高热量、高脂肪、高盐、高糖等不健康食物的摄入。

③ 保持良好的心态

良好的心态是你保持身心健康的关键。你要保持积极心态，避免长期焦虑和承受过度压力，避免不洁性行为，防止感染性传播疾病。定期进行生殖系统健康检查，及时发现并处理潜在问题。遇到问题时，不要害羞，及时跟家长、医生或心理咨询师沟通，寻求他们的帮助和建议。

即使你是男孩，
也要有性骚扰防范意识

16岁的小京刚升入高一，开始了他人生中的第一次住校生活。刚开始，他对这种集体生活充满新鲜感，和舍友也相处得不错。大家一起学习、玩耍，彼此间建立了初步的友谊。然而，没过多久，小京就发现同宿舍的一个男生行为有些异常。

这个男生总是有意无意地往小京身上靠，平时的言行举止也显得过于亲密，超出了正常的同学和朋友的界限。比如在班里上自习，或是在宿舍里开"茶话会"时，那位同学总是紧挨着小京坐，甚至还会挨挨蹭蹭。尽管小京觉得有些别扭，但一开始他并没有多想，认为这只是同学之间的一般玩笑，男生之间靠近点也不是大问题。

　　然而，事情很快变得"失控"，那个男生的行为越来越离谱。几次熄灯就寝后，那个男生居然直接爬上小京的床，并且毫不顾忌地挤进小京的被窝，开始对他动手动脚。起初，小京以为对方只是在闹着玩，但随着这种行为变得越来越频繁和大胆，小京意识到事情已经超出"玩笑"的范畴。

　　于是，他鼓起勇气，告诉对方不准再碰自己，否则就告诉老师和家长。看到小京态度坚决，那个男生终于有所收敛，不再靠近小京。但此后每次看到对方接近时，小京都会感到强烈不适。

当今社会，女孩的性安全问题已经引起足够的重视，但对男孩的性安全似乎少了一些关注。因为男孩往往被赋予坚强、勇敢的形象，不少家长乃至部分男孩都过于放心，很少想到男孩也会成为被侵犯的目标。事实上，社会的复杂性远超你的想象，一些心理扭曲之人说不定就潜伏在你身边蠢蠢欲动。因此，你在与他人交往时，同样需要保持警惕，提高防范意识。

在日常生活中，无论是与陌生人还是熟人相处，你都要保持一定的戒备心理。侵犯者从表面上是看不出来的，他们脑门上不会写着"坏人"二字，因此不要因为对方是同性或者看上去是"好人"就放松警惕。

万一遇到别人骚扰，无论对方是男是女，都要坚决拒绝。因为忍让和逃避不能解决问题，反而可能让对方误以为你默许了他们的侵害行为，他们会更加肆无忌惮。这样发展下去，后果将不堪设想，你受到的伤害会更深。

身体是父母赋予你的宝贵财富，一定要学会珍惜和自我保护。你要像小京那样，提高防范意识，不给骚扰或侵犯者可乘之机。

❶ 树立正确的身体隐私观

你应该明确，自己的身体是不可侵犯的私人领域，尤其是性器官部分。无论是陌生人还是熟人，他们都没有权利私自窥视或触碰这片属于你的私密之地。

　　家长和老师要教育男孩，让他们学会识别并拒绝不适当的身体接触，勇敢地对骚扰侵害者说"不"。如果有人以任何方式侵犯你的身体隐私，无论是言语上的调侃、挑逗，还是肢体上的不当接触，或是隐蔽的窥视行为，都是对身体边界的侵犯。一旦发现这些危险的"信号"，必须坚决拒绝对方，并尽快远离，不给他们一点侵害自己的空间。

② 学会寻求帮助

　　如果遇到被人骚扰或侵犯的情况，比如有人有意或无意地触碰你身体的敏感部位，或者试图引诱你做不愿意的事情，无论对方是谁，即使他是警察、老师、亲戚、护士或是医生，都要坚决拒绝，并告诉父母或者向其他可信赖的人求助。他们能够为你提供必要的支持和保护，帮助你摆脱困境。

同样，就像别人不能触碰你的隐私部位一样，你也不可以触碰别人的隐私部位。即使他们主动要求你这样做，你也要坚守自己的原则。

③ 增强安全意识，提高保护能力

出门在外时，一定要提高防范意识，比如不要走偏僻的小巷，不要让自己落单，也不要去凑热闹。对于陌生人的搭讪，要小心一些，不要轻易相信别人的话，更不要随便接受他们给予的食物或饮料。如果发现自己被人跟踪，应该尽量选择去商场等人多的地方，寻求店员或工作人员的帮助。

如果有人对你动手动脚，或者强迫你做让你不舒服的事情，你要勇敢地大声呼救，引起别人的注意。你还可以学习一些基本防身技巧，好好锻炼身体，以便在紧急情况下迅速逃跑或应对。同时，要了解自己的身体特点和弱点，学会保护自己的关键部位，避免受到更严重的伤害。

果实还没熟，
就不要急着吃

最近，高二（3）班的王鑫对刚转学过来的女生小雨产生了很大的兴趣。小雨亭亭玉立，笑起来明媚动人。在王鑫看来，她就像一株清雅的百合，充满青春的气息。

王鑫的内心升起一种异样的感觉。他开始刻意接近小雨，努力寻找共同的话题和爱好，费尽心思制造"偶遇"。在王鑫的努力下，两人渐渐熟络起来。随着时间的推移，王鑫发现自己越来越喜欢小雨了，小雨也对王鑫很有好感，两人陷入懵懂的早恋。

浅尝辄止的身体接触，让王鑫内心的某种冲动变得不可抑制。他开始悄悄手淫，试图通过这种行为来满足自己的生理需求。但没过多久，王鑫就感到精力不济，上课时注意力无法集中，成绩逐渐下滑，情绪开始变得低落。他感觉自己这样做是不好的，曾尝试改善这种情况，却以失败告终。小雨也出现了类似的情况，变得不再那么活泼开朗，学习也受到了影响。

青春的迷茫、爱情的困惑，以及性的诱惑，一起纠缠着王鑫，让他陷入深深的苦恼。

对于正值青春期的男孩来说，对爱和性的探索，无疑是这段旅程中最诱人、最微妙的"禁果"。这个时期，男孩的身体里涌动着荷尔蒙，面对心仪的异性，难免会产生难以名状的冲动。然而，此时他们还不成熟，如果急于摘取"禁果"，品尝到的往往是"苦果"。

人生的每一阶段都有其特定的任务和意义，只有按部就班地经历，才能收获真正的幸福和满足。青春期的男孩，身体尚未完全发育成熟，心理也处于不稳定状态。过早地偷吃禁果，不仅会破坏自身本来的生长节奏，还可能让自己或喜欢的女孩受到不必要的伤害。比如，他们可能因缺乏性知识而面临感染性病的风险，或者因不当的性行为导致生殖器官受损。他们的情感可能会出现波动和困扰，如焦虑、抑郁等，影响心理健康和人格发展。

爱情和性这颗美妙的果实，需要经历时间的洗礼、阳光的照耀和雨露的滋润，才能逐渐成熟，拥有足够的香气和营养。因此，理智的男孩懂得等待，在等待果实成熟的时间里提升自己，让自己变得更成熟、优秀。当一个男孩真正准备好的时候，那枚属于他的果实自然会成熟落地，带着甘甜，迎接幸福时光。

几乎每个男孩都会遇到像王鑫一样的矛盾时刻：一方面，对爱情和性产生美好的向往，希望品尝这颗香甜的果实；另一方面，却因时机过早而给自己的身心带来压力。作为男孩，你应该如何理智地面对这种诱惑，防止自己过早地偷吃禁果呢？

1 建立正确的性观念

你需要明确地知道，性不仅是身体的冲动和一时的欲望，更是一种责任、尊重和承诺。性行为是与另一个人建立深厚情感联系的一种方式，而不是单纯为了追求刺激和新鲜感。你建立了正确的性观念后，在偷吃禁果前就不会那么冲动，而是要确保自己的行为基于真正的情感和责任。

2 增强自我控制力

青春期是你内心充满冲动和好奇的阶段，但你必须学会控制自己的欲望。比如，尽量不要离女生太近，不去发展暧昧关系等。面对性诱惑时，你可以尝试通过一些方法平复内心的冲动，比如深呼吸、冲冷水澡等。为了控制自己的性冲动，你还可以培养一些健康的兴趣爱好，如运动、阅读、听音乐等，以减少对性的过度关注。

你遇到性方面的困惑或诱惑时，还可以向家人或朋友倾诉，听取他们的意见和建议，从他们的经验中汲取教训，避免走弯路。

3 设定明确的目标

你应该将主要精力集中在学业、事业和个人成长上，为自己设定清晰的目标和计划。你有了明确的方向和动力时，就会更加珍惜时间和精力，不会轻易被禁果诱惑。同时，有了明确的目标和规划，你会更清晰地认识到自己的责任，考虑偷吃禁果给自己未来带来的不良后果，比如对学习目标的干扰、带来舆论的负面影响等，从而做出更理性的选择。

正确应对青春期生理的变化

高三的学习压力越来越大，小峰感觉自己快要崩溃了。也许是感觉到他的焦虑和紧张，睡在上铺的"兄弟"悄悄塞给他一本杂志，并神秘兮兮地让他好好看看，放松一下。

小峰好奇地翻开杂志，映入眼帘的是一些令人脸红心跳的画面。这些内容很快就让他产生了强烈的生理反应。他开始频繁地出现阴茎勃起的现象，并不由自主地进行手淫。从那以后，这本杂志常常"伴随"小峰。过了一段时间，小峰开始感到小腹和阴囊有些胀痛，甚至还出现了尿频的情况。

身体的不适让小峰担心起来，他怀疑自己是不是得了什么病，更害怕这种情况会影响到自己的学习和生活，毕竟他还梦想着考上心仪的大学。不过，尽管小峰内心非常焦虑，他却不敢告诉同学或家人，害怕被他们误解或责备。

经过几天的思想斗争，小峰决定去医院看看。小峰鼓起勇气，向医生详细讲述了自己的问题。医生告诉他，青春期的男生因为荷尔蒙的变化，出现勃起和手淫行为是正常的生理现象，但过于频繁会影响学习和生活，需要节制并调整心态。

医生还耐心地提醒小峰，保持健康的生活习惯、适当的运动和规律的作息，有助于减轻这些问题。

对男孩来说，青春期出现了许多生理和心理上的变化。自发性勃起就是其中之一，这是男孩体内荷尔蒙水平变化引起的一种正常生理反应。但这种现象往往让男孩感到困惑不安。他们可能会担心自己被误解或嘲笑，或者因此自责，给自己增加心理压力，严重的还会影响到正常的学习和生活。客观理性地了解这一生理现象，可以帮助男孩更好地理解和接受自己的身体变化。

勃起不是一种疾病，而是阴茎海绵体充血的结果。它受到多种因素的影响，包括荷尔蒙水平、神经刺激，以及血液循环等。在男孩的青春期，由于睾酮等性激素增加，阴茎开始生长和发育，同时会伴随着性欲增强和勃起增多。一般来说，这种现象不会对日常生活造成负面影响，不必过于担心。但是如果勃起过于频繁或持续时间过长，也可能引起一些不适。遇到这种情况，你可以向家长或医生求助。

自发性勃起是青春期性发育成熟的一种标志，不必过于焦虑，很多男孩都可能遇到。那么，对于这种情况，你该怎么应对呢？

❶ 少看刺激性内容

你应该尽量少看一些刺激性内容，比如暴力、色情等影视作品或图片。这些内容对处于青春期的你往往具有极大的吸引力，不仅会加剧你的性冲动，还可能对你的心理健康产生不良影响。经常接触这类内容，可能会引发你频繁地勃起，导致你产生焦虑、抑郁等心理问题。

处于青春期的你会对世界充满好奇，尤其是对性知识有着浓厚的兴趣。然而，如果选择错误的途径获取性知识，就容易受到不良信息的误导和侵害。你应尽量少接触这些内容，可以选择观看一些健康、积极的影视节目，以丰富自己的知识和视野，或者多参与户外活动，与大自然亲近。

2 多参加健康的活动

当你感到自己过于关注性或身体反应时，可以尝试将注意力转移到其他有益身心健康的活动上，如学习、运动、艺术、音乐等，从而丰富你的生活体验，建立自信，形成积极向上的心态。

体育运动可以锻炼你的身体，锤炼你的意志，培养你的合作精神和竞争意识。艺术创作有助于培养你的审美和创造力，以及更好地表达情感和思想。将更多的精力投入学习，不仅可以提升自我认知，还能为未来的生活打下坚实的基础。总之，这些健康的活动不仅有助于分散注意力，减少你对性刺激的过度关注，这些均能促进个人成长和身心发展。

③ 学会处理尴尬情况

在某些场合，自发性勃起可能会让人尴尬。你要学会调整心态，接受并理解这是正常的生理现象，没有必要自卑或自责。

面对这种情况，你应该学会冷静处理，不要过于惊慌，尽量采取得体的方式化解。比如，通过自然的动作掩饰、用宽松的衣服遮挡等，不让别人注意到自己的"特殊情况"，或者通过深呼吸、转移话题，以及暂时离开等方式缓解尴尬局面。